'저탄 김밥'은 혈당 관리 식단에 적용하기 좋은 레시피입니다.
특히 건강한 다이어트를 원할 때 '저탄 김밥'을 활용해 보세요.

저속노화 당질제한식

저탄 김밥

하루 한번

흰쌀밥과 잡곡밥의 차이는 같은 양을 섭취할 때
누가 먼저 혈당을 빠르게 올리고 천천히 올리는지에 있을 뿐,
흰쌀밥이든 잡곡밥이든 많이 먹으면
혈당에 문제가 되는 것은 마찬가지입니다.

the Low carb Gimbap COOKBOOK

필요한 것은
혈당 스파이크를 이기는
새로운 레시피

clayshine

Contents

★는 이 책의 저자가 가장 맛있다고 추천한 맛 베스트 7가지 저탄 김밥입니다.
는 이 책의 레시피 중 건강을 위해 매일 먹기 좋은 10가지 저탄 김밥입니다.

Well-aging Level

건강의 첫걸음, 현재의 나를 점검하기

그동안 당신은 자신의 몸에 대해 얼마나 알고 있었나요? 각 항목별로 천천히 내용을 읽고 현재 상태를 기입하는 것만으로도 내 건강에 대해 알아가는 첫걸음이 됩니다. 그리고 웰에이징 지수(Well-aging Level) 점수에 따른 결과를 읽어보세요. 당신이 알게 된 웰에이징 지수는 세계보건기구(WHO)가 제시한 '건강'의 기준에 맞춘 것으로서 '웰니스(Wellness)'의 3가지 요소, '웰빙(Well-being)·건강(Fitness)·행복(Happiness)'을 지향합니다. 이러한 새로운 건강의 3가지 요소는 웰에이징 즉 '저속노화(低速老化)'를 실현함에 있어 구체적인 가이드가 되어 앞으로 어떻게 식단을 바꿔야 할지 중요한 가늠자가 될 것입니다.

웰에이징 지수 검사는 세상풍경의 「웰니스 레시피북 Wellness RB」 시리즈 전권에 수록됩니다.

내 몸의 기초 점검

▶ 내 나이는 ________ 세이다.

▶ 내 키는 ________ cm이다.

▶ 내 몸무게는 ________ kg이다.

▶ 나의 허리둘레는 ________ cm이다.

★ 복부 허리둘레가 남성은 90cm(35.4인치), 여성은 85cm(31.5인치) 이상이면 키, 몸무게와 상관없이 복부비만(중심 비만)이다. 복부비만 수치는 대사증후군을 진단하는 항목 중 하나다.

▶ 내 체질량지수는 ________ 이다.

★ 체질량지수(BMI)는 비만을 판정하는 방법 중 하나다. 자신의 몸무게(kg)를 신장(m)의 제곱으로 나눈 값(체중(kg)/신장(m^2))으로 비만도를 판정한다.

BMI 20~24.9	BMI 25~29.9	BMI 30~40	BMI 40.1 이상
정상	과체중(1도 비만)	비만(2도 비만)	고도비만

▶ 내 혈압은 최고 ________ mmHg, 최저 ________ mmHg이며, 맥박 수는 ________ bpm이다.

▶ 내 공복 혈당의 수치는 ________ mg/dL이다.

▶ 식후 ________ 분/시간에 측정한 혈당의 수치는 ________ mg/dL이다.

★ 공복 혈당은 8시간 이상 금식 후 측정한다. 공복 혈당의 정상 수치는 100mg/dL 미만이며, 126mg/dLL 이상이면 당뇨병이 의심되고, 100~125mg/dL이면 공복 시 포도당 대사장애가 의심되므로 다른 날 다시 검사하여 재확인하는 것이 필요하다. 식후 혈당은 식후 30분과 1시간이 적합하고, 혈당 스파이크 정도를 파악할 수 있는 연속 혈당검사는 패치를 피부에 부착해 5분 단위로 측정하는 무채혈 제품이 편리하다.

▶ 나는 매일 스트레칭을 ________ 분 하고, 걷기 운동을 ________ 분 한다.

▶ 나는 스트레칭 등을 포함한 유연성 운동을 일주일에 ________ 분씩 ________ 회 한다.

▶ 나는 근육을 단련하는 운동을 일주일에 ________ 분씩 ________ 회 한다.

복약 및 보충제 · 영양제 점검

▶ 나는 내 질환을 치료하기 위해 복용하는 약의 성분명과 용량을 잘 알고 있다.

❶ ________________________________

❷ ________________________________

❸ ________________________________

❹ ________________________________

❺ ________________________________

▶ 나는 내가 복용하는 약과 보충제 · 영양제 등을 언제 먹는지 잘 알고 있다.

아침 공복 ________________ 아침 식사 후 ________________

점심 식사 전 ________________ 점심 식사 후 ________________

저녁 식사 전 ________________ 저녁 식사 후 ________________

취침 전 ________________

▶ 나는 내가 현재 먹는 보충제·영양제에 대해 성분, 함유량, 부작용을 잘 알고 있다.

❶ 유산균 보충제

❷ 비타민 보충제

❸ 미네랄 보충제

❹ 필수지방 보충제

❺ 항산화 보충제

❻ 필수아미노산 보충제

❼ 홍삼 보충제

❽ 한약

❾ 기타(각종 건강 음료 포함)

다음의 질문을 읽은 후 내용에 해당하면 네모 칸에 체크를 합니다. 체크한 항목은 각 1점이고, 체크한 항목의 점수를 모두 더하면 나의 웰에이징 지수를 알 수 있습니다.

운동 점검

- ☐ 심장 박동이 빨라질 정도의 운동을 일주일에 최소 20분씩 2회 미만 한다.
- ☐ 몸을 자주 움직이지 않는 편이다.
- ☐ 하루 동안 서 있는 시간이 1시간 이내다.
- ☐ 일주일에 최소 2시간 이상 외부 활동을 하지 않는다.
- ☐ 유연성 운동(스트레칭, 요가, 필라테스, 체조 등)을 일주일에 2회 이내 또는 거의 하지 않는다.
- ☐ 다리를 곧게 편 채로 허리를 숙였을 때 손이 발가락에 닿지 않는다.
- ☐ 일주일에 걷기 운동을 30분간 최소 2회 이상 하지 않는다.
- ☐ 격렬한 운동을 즐기거나 거의 매일 운동을 하며, 휴식 없이 운동하는 시간이 1시간 이상이다.
- ☐ 근육을 단련하는 운동을 거의 하지 않는다.

활력 점검

- ☐ 피곤함이 오랜 시간 동안 지속된다.
- ☐ 체력이나 힘든 상황을 견디는 능력이 눈에 띄게 줄었다.
- ☐ 몸무게를 안정적으로 유지하기 어렵다.
- ☐ 현재 심혈관계 질환이나 고혈압이 있다.
- ☐ 쉽게 화가 난다.
- ☐ 정신이 명쾌하게 맑지 않거나 집중력이 떨어진다.
- ☐ 수면장애가 있다.
- ☐ 기억력이 점점 떨어진다.
- ☐ 자주 우울해진다. 날씨가 좋지 않은 날에는 특히 우울해진다.
- ☐ 술을 2잔 이상 거의 매일 마신다.
- ☐ 커피를 매일 마신다.
- ☐ 담배를 매일 피운다.

☐ 관절염, 근육통, 편두통 같은 육체적 통증을 자주 겪는다.
☐ 체질량지수(BMI)가 27 이상이다.
☐ 이상혈당증(당뇨 전 단계)이나 당뇨, 고지혈증 혹은 이상지질혈증, 지방간, 고혈압 중 한 가지를 갖고 있다.

★ 이상지질혈증이란 혈액검사를 통해 알 수 있는데 혈중에 총콜레스테롤, LDL 콜레스테롤, 중성지방이 증가한 상태거나 HDL 콜레스테롤이 감소한 상태를 말한다.

혈당 점검

☐ 아침에 일어나 15분 이내에 잠이 완전히 깨지 않는다.
☐ 일을 시작하기 위해서는 아침에 차, 커피, 담배, 단 음식 중 한 가지라도 반드시 섭취해야 한다.
☐ 초콜릿, 단 음식, 빵, 시리얼, 면 음식이 못 견디게 먹고 싶은 적이 있다.
☐ 떡, 달달한 빵과 케이크, 과자, 단 음료, 찐 고구마와 밤, 달달한 과일, 기름에 튀긴 음식을 한 번 먹을 때는 배부를 정도로 먹는다.
☐ 점심 식사 후 낮 동안 자주 에너지가 떨어져 기운이 없어진다.
☐ 식사 후에는 늘 케이크, 떡, 고구마, 과일 등의 단 음식을 곧바로 먹어야 한다.
☐ 자주 감정 기복이 심하다.
☐ 어딘가에 집중하기 힘들거나 쉽게 정신이 산란해진다.
☐ 6시간 내에 음식을 먹지 않으면 어지럽고 짜증이 난다.
☐ 스트레스를 받으면 늘 과식한다.
☐ 예전에 비해 에너지가 떨어지는 것을 느낀다.
☐ 피곤함을 자주 느낀다.
☐ 눈에 띄게 많이 먹거나 운동을 하는데도 늘어난 체중을 줄이기 힘들다.

식습관 점검

☐ 음식을 먹을 때 잘 씹지 않고 빨리 많이 먹는 편이다.
☐ 아침 식사는 거의 먹지 않는다.
☐ 면 등의 밀가루 음식을 먹을 때 잘 씹지 않고 삼키는 편이다.
☐ 몸의 염증을 줄이는 음식에 관심이 없거나 관심이 있어도 식단에 반영하지 않는다.
☐ 현미나 귀리 등 정제하지 않은 통곡물을 꾸준히 섭취하지 않는다.

- □ 콩류, 견과류, 씨앗류를 거의 먹지 않는다.
- □ 일주일에 달걀을 4개 이하로 먹는다.
- □ 기름이 풍부한 생선(연어, 고등어, 정어리, 청어, 꽁치 등)을 일주일에 1회 미만으로 먹는다.
- □ 소고기, 돼지고기, 닭고기 등 동물성 단백질 음식을 매끼 먹거나 일주일에 5회 이상 양껏 먹는다.
- □ 기름에 볶거나 튀긴 냉동 가공식품을 일주일에 2회 이상 먹는다.
- □ 식용 유지를 사용해 고온에서 굽고 튀긴 바삭바삭한 음식, 기름으로 볶은 음식, 고온에서 짙은 갈색으로 태운 음식을 자주 먹는다.
- □ 햄, 소시지, 훈제오리, 훈제삼겹살 등 육가공 및 생선을 훈연한 식품을 즐겨 먹는다.
- □ 참치, 연어, 고등어, 꽁치, 닭고기 등의 식품을 통조림 제품으로 먹는 편이다.
- □ 해조류를 거의 먹지 않는다.
- □ 채소 등 식재료의 색깔을 전혀 고려하지 않는다.
- □ 채소를 하루에 1회분 미만으로 섭취하거나 아예 섭취하지 않을 때도 있다.
- □ 과일을 하루에 2조각 미만으로 먹는다.
- □ 녹색 채소나 십자화과 채소(브로콜리, 양배추, 콜리플라워, 방울 양배추 등)를 먹지 않은 날이 많거나 하루에 1회분 미만으로 먹는다.
- □ 매일 음식(반찬, 간식 등)을 달게 먹는다.
- □ 매일 짠 음식(반찬, 국, 찌개)을 1인분보다 초과해서 먹는다.
- □ 식사 때마다 설탕, 소금 등을 첨가해서 먹는다.
- □ 하루 평균 물을 2잔 미만으로 마신다.
- □ 매일 액상과당 등이 첨가된 음료(콜라, 사이다, 시판 가공 주스)를 자주 마신다.

소화 점검

- □ 입 냄새가 심하다.
- □ 속이 쓰리거나 타는 듯한 느낌이 들 때가 있다.
- □ 평소 소화제나 제산제를 주기적으로 복용한다.
- □ 속이 메스껍거나 소화가 잘 되지 않을 때가 자주 있다.
- □ 식사 후에는 복부가 팽팽해지며 불편하다.
- □ 종종 음식을 먹고 나면 몹시 졸리고 피곤해진다.

☐ 트림을 자주 하거나 방귀를 자주 뀐다.
☐ 대변이 묽거나 설사를 한다.
☐ 변비가 있거나 배변 시 지나치게 힘을 준다.
☐ 이틀이 지나도 배변을 보기 힘든 적이 많다.
☐ 지난 6개월간 식중독이나 장염을 겪은 적이 있다.
☐ 지난 6개월간 항생제를 복용한 적이 있다.
☐ 음식을 먹을 때 꼭꼭 씹지 않는 편이다.
☐ 하루에 2회 이상 빵, 라면 등의 밀가루로 만든 음식을 먹는다.

음식 과민증 점검

☐ 특정 음식에 대한 알레르기 증상이 있다.
☐ 과민성대장증후군을 앓고 있다.
☐ 비교적 짧은 기간 안에 체중이 증가하는 편이다.
☐ 가끔 음식을 먹고 나면 위통이나 복부 팽만감이 있다.
☐ 콧물이나 가래 등의 점액이 과다하게 나오거나 코가 막히는 증상이 자주 있다.
☐ 발진, 가려움증, 습진, 피부염을 앓고 있다.
☐ 천식을 앓거나 숨이 가쁘다.
☐ 두통이나 편두통을 앓고 있다.
☐ 대장염이나 크론병을 앓고 있다.
☐ 거의 매일 진통제를 복용한다.

항산화 점검

☐ 현재 40세 이상이다.
☐ 현재 담배를 피운다.
☐ 나이에 비해 피부가 늙어 보인다.
☐ 피부에 상처가 났을 때 회복이 느리다.
☐ 팔과 다리에 작고 빨간 뾰루지가 종종 난다.
☐ 피부 발진, 습진, 피부염을 앓은 적이 있거나 앓고 있다.
☐ 피부가 건조하거나 거칠다.

☐ 머리카락이 건조하거나 비듬이 있다.
☐ 계절과 상관없이 자주 입술이 갈라진다.
☐ 멍이 잘 든다.
☐ 복잡한 도시, 교통 체증이 심한 도로에서 일주일에 4시간 넘게 있는 편이다.
☐ 대기 중 매연이 심한 곳에서 살거나 일한다.
☐ 붐비는 도로 옆에서 일주일에 1시간 넘게 운동을 한다.
☐ 가스레인지를 켠 상태로 음식을 만드는 시간이 하루 4시간 이상이다.
☐ 매일 집안 환기를 최소 30분 이상 하지 않는다.
☐ 두통이나 편두통이 종종 있는 편이다.

나의 웰에이징 지수

0~20점 당신의 몸과 마음은 건강한 편입니다. 지금처럼 꾸준히 잘 관리하세요. 다만 정기적인 혈액검사와 건강검진은 빼놓지 않아야 합니다.

21~60점 건강한 삶을 위해 지금보다 당신의 몸과 마음에 관심을 가지고 관리해야 합니다. 특별히 교정 치료가 필요한 부분은 멘토나 전문가의 상담을 통해 도움을 받는 것이 필요해 보입니다. 무엇보다 정기적인 혈액검사와 건강검진을 통한 자신의 건강 상태를 가족에게 알리는 것도 중요합니다. 이번 기회에 가족과 함께 할 수 있는 활동을 만드는 것은 어떨까요? 음식을 함께 만들거나 독서, 산책, 운동 등 함께 할 수 있는 것이면 무엇이든 좋아요. 또한 건강 지식과 정보를 알려고 노력하는 것은 정체된 당신의 삶에 새로운 활력이 될 수 있습니다.

61점 이상 당신은 지금보다 더 건강해지기 위해 현재의 생활습관을 당장 바꿔야만 합니다. 무엇보다 이상 징후가 발견될 때는 병원 검진을 미루지 않아야 하고, 특히 식단은 가족 모두가 개선할 수 있도록 함께 노력해야 합니다. 만일 81점 이상이라면 현재 만성질환을 갖고 있을 수 있습니다. 따라서 식습관 교정은 반드시 이뤄져야 하며, 걷기 운동 등 생활 속에서 꾸준히 실천할 수 있는 방법을 모색해야 합니다. 지금 당신에게 꼭 필요한 것은 규칙적인 신체 활동과 식단의 변화임을 잊지 않아야 합니다. 혹시 약물치료 등 정기적인 병원치료를 병행하고 있나요? 그렇다면 식단과 운동, 평소에 겪는 증상 등을 일기처럼 기록하세요. 치료 시 많은 도움이 됩니다.

채소의 식이섬유는 혈당에 좋은 작용을 합니다.
그러니 하루 한 번, 채소 중심의 '저탄 김밥'을 한 끼 식사로 선택하세요.

김밥의 米미

누구나 간편하게 만들어 맛있고 건강하게 먹을 수 있는 요리책을 만들고자 2년의 세월 동안 수정과 보완의 과정을 거치면서 김밥 레시피를 설계했다. 결국 식후 혈당을 케어하는 데 도움이 될 '저탄 김밥' 메뉴를 완성했고, 식단 관리가 필요한 이들에게 참고가 될 만한 레시피북으로 오랜 시간에 걸쳐 완결할 수 있게 되었다.

사실 이 책의 첫 출발은 그저 '건강하고 신선한 재료를 간편하게 만들어 맛있게 먹을 수 있는 한 끼'였다. 그러려면 밥, 국, 반찬 등 수고가 많이 들어가는 전통적인 한식의 식단을 탈피해야만 했다. 무엇보다 만들고 먹는 데 간편함이 최우선이어야 하기에 '단 하나의 음식'이면 좋겠다고 여겼다. 그렇게 선택한 음식의 꼴이 바로 '김밥'이다.

'지금의 김밥'은 먹는 상황을 딱히 정하지 않고 다양한 순간에 손쉽게 먹을 수 있는 친근하고 간편한 음식이지만, '과거의 김밥'은 소풍이나 나들이 음식으로 대표될 만큼 특정한 순간을 위한 음식이었다. 가령 소풍날 먹던 김밥을 떠올려보자. 그 시절 엄마들은 김밥을 만들기 위해 전날부터 고군분투했다. 마치 수학 공식처럼 '정해진 김밥 재료'를 하나하나 미리 준비했고, 다음날 이른 아침에는 고슬고슬하게 정성을 다해 밥을 지었다. 갓 지은 밥은 한 김 식힌 후 새콤달콤하거나 고소한 맛으로 간을 맞추고, 준비한 재료로 한 줄씩 한 줄씩 김밥을 돌돌 말았다.

시간에 비례하는 정성의 양 때문일까. 우리의 엄마는 한 번 김밥을 만들 때 수십 줄씩 만드는 것을 당연한 이치로 여겼던 것 같다. 김밥이 차곡차곡 쌓여가는 것도 모르고 열심히 김밥을 말다가 준비한 김밥 속 재료보다 밥이 먼저 동이 나면 그제야 김밥 말기를 멈춘다. 그 순간 김밥 속 재료를 많이 준비했다고 생각하기보다 '김밥은 밥이 정말 많이 들어가는 음식'이라고 느끼게 된다. 김밥에 들어가는 적절한 밥의 양이 어느 정도인지 서로 의견을 나누지 않아도 김밥이라는 음식을 '밥 먹는 하마'로 인식하게 만드는 대목이다.

또 만드는 사람의 취향에 따라 김밥 맛에 미묘한 차이는 있어도 마치 약속된 룰이 있는 것처럼 김밥 재료에 더해지는 양념이 대동소이한 것도 김밥만의 특징이다. 분명 다른 사람의 손길로 탄생한 김밥인데 한두 줄도 아닌 여러 줄의 김밥을 만들어도 어쩌면 그리 맛과 모양이 비슷할까? 물론 결과물에 약간의 차이는 있어도 '모든 김밥은 맛있다'라는 결론에 도달하게 되는 것 또한 김밥만이 가진 매력일 것이다.

이처럼 언뜻 비슷해 보여도 김밥은 저마다 정성을 다해 시간과 공을 들여 만든 결과물로서 우리 집만의 특색을 갖춘 김밥으로 완성된다.

하지만 가만히 들여다보면 만드는 과정이 번거롭기 때문에 어느 순간부터 김밥은 햄버거처럼 사 먹는 대표적인 포장 음식이 된 것도 사실이다. 특히 한 끼 식사의 칼로리를 따지는 시대가 도래하면서부터는 살을 찌우는 기피 대상 1호의 탄수화물 음식으로 여겨지기도 한다. 그럼에도 '김밥'은 집 밖에서 사 먹든 아니든 맛과 편의성을 동시에 갖춘 음식인 것에는 반론의 여지가 없을 것이다.

그래서 '저탄 김밥'은 맛과 편의성, 영양 균형이라는 김밥만의 고유

한 장점을 유지하면서 고탄수화물 음식이라는 단점을 최대한 보완한 레시피로 거듭나야만 했다. 우리의 생각을 지배하는 김밥에 대한 선입견과 단점을 완전히 바꿀 수는 없어도 말이다. 그 결과 밥을 완전히 제외하거나 밥 양을 줄이면서 착한 탄수화물 식재료를 활용하는 등 식이섬유 중심의 재료를 통해 식후 혈당에 도움이 될 만한 조화로운 영양소의 섭취에 중점을 두기로 했다.

밥은 잘못이 없다

갓 지은 흰쌀밥만큼 맛있는 음식이 또 있을까? 하지만 지금의 우리는 아마도 탄수화물 기피 시대에 살고 있는지 모르겠다. 그중 탄수화물 음식으로 대표되는 '흰쌀밥'에 대해서는 특히 아주 예민하다. 그래서일까? 밥에 대한 거부감은 4반세기 동안 우리의 식문화 트렌드를 지배했다. 맛있는 흰쌀밥에서 건강한 현미밥과 잡곡밥으로, 그리고 허기만 겨우 잠재우는 다이어트 밥까지. 그렇게 밥은 조금 빠르게 변신했다.

밥에 비하면 조금은 덜하지만 '밀가루 음식'도 고탄수화물로 여기는 것은 마찬가지다. 반면 설탕과 액상과당 등의 식품첨가물에 대해서는 거부감이 적거나 비교적 관대한 편이며, 나이가 젊을수록 단맛에 대한 끌림, 선호도가 높은 편이다. 아이러니하게도 아직 콜라가 불멸의 진리라 여기는 이들이 많은 것을 보면 말이다. 그로 인해 이전에는 젊고 어린 연령대에서는 볼 수 없던 '젊은 당뇨 환자'가 증가하고 있다. 또 고당·고탄수화물 식사의 영향으로 혈당 관련 질환의 발병률이 상승 중인데, 국내 당뇨 유병률 또한 당뇨 전 단계를 포함해 지속적으로 증가하는 추세다.

물론 이와 같은 이유를 굳이 언급하지 않더라도 저당·저탄수화물 식사를 위해 '저탄 김밥'에서만큼은 달달하거나 자극적인 맛을 내는 양념 사용을 줄이고, 그 대신 유익한 지방의 사용을 잘 활용하기로 했다. 무엇보다 신선한 재료 본연의 맛을 살리고 식이섬유 섭취에 주력하고자 노력했다. 하지만 '맛있는 한 끼'는 끝까지 포기하지 않았다.

이렇게 해서 결국 맛있게 먹는 '저속노화 당질제한식'인 저당·저탄수화물 김밥 레시피를 완성했다. 좋은 지방과 양질의 단백질 섭취에 중점을 둔 '밥이 없는 키토 김밥', 다양한 채소의 식이섬유를 섭취하는 '밥이 조금뿐인 샐러드 김밥', 저속노화를 실현하는 착한 탄수화물에 중점을 둔 '당뇨식 커팅 김밥'이 그것이다.

이처럼 나름의 맛과 멋을 담은 '저탄 김밥'은 식이섬유 섭취 중심의 저당·저탄수화물 음식으로서 식후 혈당을 케어하는 데 도움을 주는 당질제한식 레시피다. 어떤 음식이든 호불호는 있지만, 의외로 저탄 김밥의 맛에 신선한 매력을 느끼는 사람이 적지 않을 것이다. 왜냐하면 김밥은 기본적으로 맛있는 음식이기 때문이다.

마지막으로……, '저탄 김밥'을 담은 이 책은 누군가에게 빠르게 잊힐 수도 있는 보통의 요리책일 수 있지만, 신체 노화로 인한 각종 질병과 까다로운 혈당 관련 질환으로 먹는 즐거움을 잠시 잊어야 하거나 체중조절과 식이요법이 불가피해 소소한 식탐으로 살아야 하는 사람에게는 정성 다한 선물이 될 수도 있을 것이다. 마음 편하고 즐거운 한 끼 식사를 바라는 누군가에게 이 책이 예쁜 참고서가 되기를 희망한다.

햇살 좋은 날, '저탄 김밥'을 만든 임은진 드림

HEALTH TIPS

저속노화를 위해 꼭 알아야 할 탄수화물과 혈당

혈당 스파이크란?
채소에는 탄수화물이 얼마나 들어 있을까?
필요한 것은 혈당을 위한 저속노화 당질제한식
혈당 스파이크를 관리하는 4주 실천 지침

혈당 스파이크란?

식사 후 얼마 지나지 않아 피로감과 함께 졸음이 쏟아진다. 또 밥을 든든하게 먹어도 금세 뭔가 허전함을 느끼면서 또다시 음식을 갈망하는 욕구가 치밀어 오른다. 설마 뇌가 고장 난 것은 아니겠지? 어쩌면 오랜 시간 누적된 만성피로 때문일지 모른다. 그것이 아니라면 스트레스로 인한 심리적 갈망 때문일지도…….

보통이라면 식후 졸음이나 허기진 느낌이 있다고 해서 특정 질병의 징후라고 여기지는 않는다. 식후 졸음의 경우 누구든 일반적으로 흔하게 겪는 식곤증이라 여기며, 허기짐은 자신의 의지로 충분히 극복할 수 있는 일시적 현상이라고 생각한다. 그런데 그러한 증상이 특정 질병을 예고하는 신호라면 어떨까?

우리가 먹은 음식은 소화효소에 의해 소화 과정을 겪는데, 탄수화물 식품 등을 섭취하면 '포도당(葡萄糖, Glucose)'으로 분해된다. 전환된 포도당은 혈액을 따라 몸 곳곳을 이동하면서 에너지원으로 사용되고, 잉여의 포도당은 나중을 위해 간과 근육에 저장되기도 한다. 이때 혈액 속 포도당은 혈당을 조절하는 '인슐린(Insulin, 췌장에서 분비되는 호르몬)'의 도움을 받아 혈당을 안정되게 조율하면서 에너지로 적절하게 사용되고 나머지는 저장된다. 즉, 혈당량이 높아지면 우리 몸은 인슐린의 분비를 촉진시켜 혈중 고혈당 상태인 포도당을 낮춘다.

▶ '당뇨'란 혈액 속의 포도당 수치가 정상인보다 높은 상태를 말하며, 우리 몸에서 에너지로 사용되어야 할 포도당이 소변으로 빠져 나온다 하여 붙여진 이름이다.

'당뇨 전 단계'란 혈액 속의 포도당 수치가 정상 범위보다는 높은 상태이지만, 당뇨병 진단 기준보다는 낮은 상태를 말한다. '공복 혈당 장애'와 '내당능 장애'로 구분한다.

진단	공복 혈당 수치	식사 2시간 후 혈당 수치
정상	100mg/dL 미만	140mg/dL 미만
당뇨병	126mg/dL 이상	200mg/dL 이상
공복 혈당 장애	100~125mg/dL	140mg/dL 미만
내당능 장애	100mg/dL 미만	140~199mg/dL

문제는 식후 소화 과정을 거쳐 최종 분해된 포도당의 혈액 속 양이 일정하게 유지되어야 하지만, 섭취하는 음식에 따라 혈당량이 급작스럽게 높아질 수 있다는 점이다. 만일 인슐린의 정상적인 도움을 받지 못하면 혈액에 있는 포도당을 에너지원으로 사용하지 못하게 된다. 제대로 사용하지 못한 포도당은 지방으로 저장되며 고혈당 상태인 혈액은 끈적끈적하거나 굳어지기 쉬워진다. 결국 혈관에 노폐물과 찌꺼기로 남게 되고 그러한 상태가 누적되면서 인체 노화는 빨라져 당뇨, 치매, 암, 비만 등 만성 질환과 다양한 질병을 일으키게 되는 것이다. 이러한 무서운 결과를 초래하는 고혈당 상태를 우리는 너무나도 아무렇지 않게 방치한다.

: 혈당에 주목해야 하는 이유 :

한국인은 당뇨에 취약하고 유병률이 높은 편이다. 하지만 만성질환이자 생활습관 병으로 알려진 당뇨는 얼마든지 예방할 수 있다. 당뇨 전 단계에서 혈당을 잡기만 하면 우리는 안전하다. 그러니 내 몸이 악화일로에 놓이지 않도록 고당·고탄수화물 식습관을 반드시 교정해야 한다.

특히 식후 혈당을 관리하려면 평소 섭취하는 탄수화물 음식의 종류를 잘 선택하고, 먹는 양을 적절하게 조정해야 한다. 고혈당을 일으키는 음식의 잦은 섭취로 인해 혈당의 급격한 변동이 빈번하게 일어나면 과도한 인슐린 분비를 촉진해 췌장을 필요 이상으로 혹사하게 만들기 때문이다. 그러므로 식습관의 변화 없이는 고혈당 위험으로부터 안전할 수 없다.

그런데 평소 자신이 고혈당 상태인지 아닌지 분명히 인지하고 있는 사람은 얼마나 될까? 명확하게 말하자면, 일상에서 식사 후 혈당을 매번

다음은 평소 '혈당 스파이크'를 겪고 있는지 여부를 알 수 있는 자가 진단 점검표이다. 자신이 겪는 식사 후 반응을 점검하면 된다.

혈당 스파이크 자가 진단 점검

- ☐ 밥을 먹으면 곧바로 졸음이 몰려온다.
- ☐ 밥을 먹은 후 늘 피곤함을 느낀다.
- ☐ 식사 후 어지럼증을 느낄 때가 있다.
- ☐ 식사 후 얼마 지나지 않아 피로감과 함께 졸음이 쏟아지면서 반드시 최소 15분 이상 잠을 잔다.
- ☐ 밥을 먹은 후 얼마 지나지 않아 곧바로 허기짐을 느낀다.
- ☐ 배부르게 음식을 먹고도 또 다른 음식을 찾거나 추가로 음식을 더 먹는다.
- ☐ 특히 당류나 정제 탄수화물 위주의 음식을 섭취한 후에는 어김없이 달달한 간식을 먹는다.
- ☐ 식사를 하고 나면 몽롱하고 멍해지면서 집중력이 떨어진다.
- ☐ 식사 후 전반적으로 기운이 없는 상태를 겪는다.

측정하는 이들은 많지 않다. 식후 혈당을 중요하게 확인해야 하는 당뇨 질환자 외에는 드물다. 또한 대다수 사람에게는 '식후' 혈당검사보다는 '공복' 혈당검사가 더 익숙한 편이다. 그것은 건강을 점검하기 위해 병원에서 행하는 혈액검사가 공복 검사이기 때문이다.

하지만 공복 혈당 수치가 정상인 사람도 식후 혈당의 변화 정도는 인지할 필요가 있다. 혈액검사를 하지 않아도 식후 고혈당 상태를 증상으로 점검하는 방법이 있다. 그중 식후 혈당에 문제가 있음을 나타내는 대표 증상이 바로 '졸음'이다.

어떤 사람은 음식 섭취 후 혈당이 완만하게 변화하지만, 어떤 사람은 급격하게 혈당이 치솟다가 급락한다. 이때 급격하게 변하는 혈당을 안정화하기 위해 우리 몸은 에너지를 과도하게 소비하고, 그로 인해 피로감이 생기면서 졸음과 공복감을 겪는 것이다.

이렇게 식후에 나타나는 비정상적 증상은 음식을 섭취한 후 정상 범위 이상으로 빠르게 치솟는 혈당의 급상승과 급락에 의해 발생한다. '혈당 스파이크(Blood Sugar Spike)'라는 말은 이러한 혈당의 변화가 마치 뾰족한 포물선처럼 보인다고 해서 붙여진 것이다.

앞서 설명한 것처럼 식후 정상 범위 이상으로 급격하게 치솟은 고혈당은 식후 졸음과 피로감, 공복감 등의 증상 발현을 유도한다. 그런데 의외로 많은 사람들이 식후 '혈당 스파이크' 증상을 겪는다. 놀라운 것은 평소 당뇨 질환을 앓고 있거나 당뇨 전 단계인 사람이 아닌 공복 혈당 수치가 정상인 사람도 종종 '혈당 스파이크'를 겪는다는 점이다. 이들은 공복 혈당이나 당화혈색소 검사에서 아무런 문제가 없는데도 말이다.

▶ 다음은 식사 후 혈당의 높낮이를 그래프로 나타낸 것이다. 건강한 사람은 완만한 곡선으로 나타나지만 '혈당 스파이크(Blood Sugar Spike)'를 겪는 이들은 높낮이가 가파르게 나타난다.

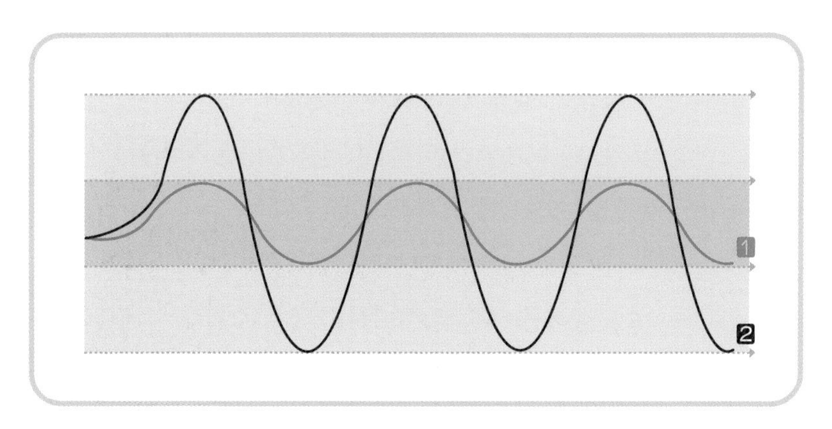

1 : 식후 혈당이 완만한 상태 2 : 식후 혈당이 가파른 상태

혈당 스파이크 증상은 먹는 음식에 따라 식후 곧바로 나타날 수도 있고, 혈당 수치가 정상 범위인 사람에게 오히려 더 심하게 나타날 수도 있다. 그렇다면 당뇨 질환자의 경우 식후 혈당 변화 추이는 어떨까?

▶ 다음은 당뇨 질환자의 혈당 스파이크 현상을 나타낸 그래프이다.

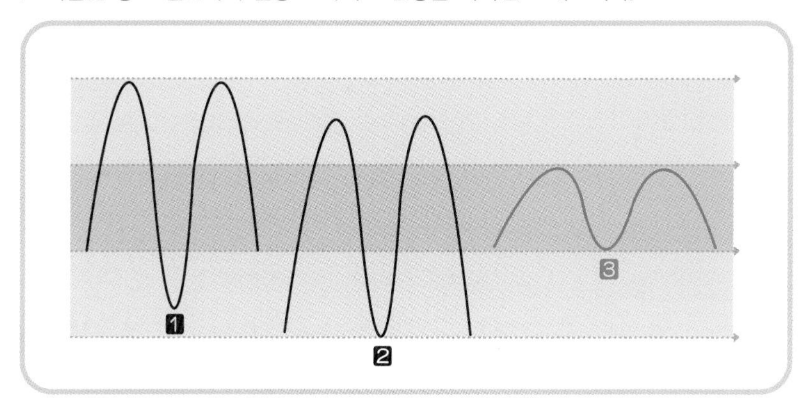

1 : 당뇨 질환자이지만 치료를 받지 않은 상태
2 : 식단의 큰 변화 없이 약간의 식품별 조절 섭취와 기존 인슐린 치료 요법 후의 혈당 변화 추이로 전체적인 혈당 수치는 낮아졌고 혈당의 오름과 내림의 진폭의 변화는 안정되지 않고 그대로인 상태
3 : 철저한 식이요법과 치료 요법의 병행으로 식후 혈당의 진폭이 크지 않고 혈당 스파이크가 비교적 안정된 상태

인슐린 치료를 받고 있는 당뇨 질환자도 저당 · 저탄수화물 식단의 변화 없이는 식후 혈당 스파이크 증상을 겪을 수밖에 없고 당뇨의 완치가 어렵다. 결국 혈중 포도당을 효과적으로 연소하고 포도당 농도를 안정되게 조절하기 위해서는 식단의 변화를 가장 우선해야 한다.

물론 특별히 혈당 관련 질환이 없는 사람이라도 혈당 스파이크 증상을 반복해서 겪고 있다면 고당·고탄수화물 식단에서 식이섬유소 위주의 저당·저탄수화물 식단으로 변화를 꾀해야 할 것이다. 단당류, 정제 탄수화물 등 고당·고탄수화물 식품의 과다 섭취는 고혈당을 초래하고 두뇌와 신체의 노화를 촉진하기 때문이다. 따라서 고당·고탄수화물 음식을 섭취한 후 어김없이 빈번하게 나타나는 혈당 스파이크 증상을 유의해야 한다.

지금까지 혈당 스파이크 증상을 아주 흔한 일로 치부하거나 식후 혈당 변화에 대한 관심도가 낮았다면 이제는 그 위험성에 대해 인지하고, 식습관 개선을 위해 어느 정도 노력을 기울여야 할 것이다. 반복되는 식후 '혈당 스파이크' 증상을 파악하고 식습관 개선을 이룬다면 당뇨 질환을 비롯해 인체 노화로 인한 다양한 질병을 예방할 수 있다.

▶ 혈당 스파이크가 반복되면 인슐린 분비 문제와 인슐린 저항성이 생겨 혈당 조절이 어려워질 수 있다. 따라서 혈당 스파이크가 의심될 경우에는 섭취하는 음식의 종류를 철저하게 모니터링하고 관리하는 것이 필요하다.

대체로 많은 이들이 공복 혈당에 비해 '식후 혈당'에 대해서는 무지하거나 비교적 안일한 인식에 머물러 있는 편이다. 하지만 '혈당 스파이크'가 특정 질환의 전조 증상이자 중요 요인으로 작용한다는 것이 알려지면서 우리나라를 비롯해 미국 등 단당류 위주의 고당 · 고탄수화물 식단의 위험성을 경고하는 나라들이 늘고 있다.

왜 그럴까? 당뇨 질환을 앓고 있지 않은 정상인에게서 식후 혈당의 수치와 변화 추이가 당뇨 질환자 수준으로 급증했기 때문이다. 또 과거에 비해 당뇨 발병은 계속해서 급증하고 있고, 당뇨 전 단계이거나 당뇨 질환자 중 20~40대가 차지하는 비율이 점점 더 늘고 있는 것도 그 이유이다. 이러한 현상을 두고 '젊은 당뇨'라 부를 정도로 전 세계가 상황을 점차 심각하게 인식하는 추세이다. 따라서 식후 혈당의 위험성은 나이를 불문하고 평소 어떤 탄수화물을 섭취할 것인지 더욱 중요하게 만드는 요인이 된다.

▶ 다음은 스탠퍼드대학교의 '연속 혈당 측정' 연구 내용이다(2018년 7월).

- '연속 혈당 측정기'를 통해 사람들의 혈당 수치를 측정하고, 그 내용을 분석한 결과 정상이라고 판단된 사람 대다수가 음식 섭취 후 혈당이 치솟는'혈당 스파이크(Blood Sugar Spike)'를 겪는 것으로 나타났다.
- 흔히 공복 혈당검사나 일회성으로 손가락을 찔러 혈당을 측정하는 방법에서 정상으로 판단된 사람도 식후 혈당을 연속으로 측정한 결과 혈당 조절 기능에 문제가 많은 것으로 나타났다.

보통 당뇨 질환을 앓거나 당뇨 전 단계인 사람은 식후 혈당 수치를 꾸준히 확인하는데 주로 식후 2시간이 되었을 때, 잠자기 직전에 혈당 체크를 하는 것이 일반적이다. 하지만 실제로 급격하게 치솟는 고혈당 증상의 발현은 식후 1시간 이내에 잦은 것으로 알려져 있다. 즉, 식후 2시간이 지나 혈당 수치를 체크할 경우 자칫 '혈당 스파이크'를 놓칠 수 있다는 의미다. 따라서 만일 '혈당 스파이크' 증상이 빈번하다면 식후 1시간 이내에 혈당검사를 하거나 연속 혈당검사를 통해 요동치는 혈당 수치의 변화를 면밀히 파악하는 것이 필요하다.

물론 그에 앞서 고혈당의 원인인 식습관을 변화시키려는 노력과 실천이 더욱 중요하다. 혈당 그래프의 평온함을 위해서는 착한 탄수화물 식품과 식이섬유소 위주의 저당·저탄수화물 식단이 좋은 예방책이 될 수 있다. 아울러 좋은 지방, 양질의 단백질, 비타민과 미네랄 등 꼭 필요한 영양소의 조화로운 섭취도 동시에 이뤄져야 한다.

이 책에서 제안하는 '저탄 김밥'의 레시피는 식후 혈당 스파이크에 도움이 될 식습관 개선의 방법으로 실질적인 도움과 다양한 활용에 보탬이 될 것이다. 지금부터라도 착한 탄수화물과 식이섬유 위주의 저당·저탄수화물 식단을 실현하는 '저탄 김밥'을 하루 한 번, 매일 한 끼 식사에 적용하고 중단 없이 유지한다면 '혈당 스파이크'로부터 나 자신을 보호하는 토대를 마련하게 될 것이다. 결국 고당·고탄수화물 식단을 저당·저탄수화물 식단으로 바꾸는 것이 두뇌와 신체의 노화를 늦추는 가장 안전한 방법이다.

이와 함께 식후에는 간단한 스트레칭이나 가벼운 산책 등으로 몸을 움직이는 것도 혈당을 안정적으로 관리하는 데 도움이 된다. 평소 졸음 등의 혈당 스파이크 증상이 식후 어김없이 반복된다면 전신 근육을 사용하는 신체 활동과 함께 착한 탄수화물, 식이섬유소 위주의 저당·저탄수화물 식단을 꾸준히 실천함으로써 식후 혈당 스파이크를 관리하는 노력을 기울이여야 할 것이다.

혈당 스파이크는 왜 위험한가?

졸음, 피로감, 허기짐, 식탐, 몽롱함 등 '혈당 스파이크'로 인해 발현된 증상이 장기간 반복된다는 것은 인슐린 저항성이 높은 상태가 지속되고 혈액 속 활성산소가 증가하고 있음을 의미한다. 그로 인해 인체의 노화는 과속화되어 전신 염증, 비만, 시력 저하 및 안질환, 집중력 저하, 우울감, 당뇨, 이상지질혈증, 고혈압, 갑상샘·심혈관·뇌혈관 질환, 암, 알츠하이머, 치매 등 만성적이거나 치료가 까다로운 질환 발병에 노출된 상태가 되며, 심하게는 돌연사 위험성에도 영향을 준다고 알려져 있다. 그러므로 식후 반복해서 겪는 '혈당 스파이크' 증상은 내 몸의 위험을 알리는 경고이며, 무엇보다 당뇨 질환의 발병을 알리는 가장 중요한 신호일 수 있다.

채소에는 탄수화물이 얼마나 들어 있을까?

채소는 채소의 탄수화물(Carbohydrate)을 만들 때 태양에서 흡수한 에너지를 사용한다. 즉, 탄수화물은 물(H_2O)에서 얻은 수소(H)와 산소(O)를 이산화탄소(CO_2)에서 흡수한 탄소(C)와 결합해 이루어진 화합물로, 탄소(C), 수소(H), 산소(O) 세 원소로 구성되어 있다. 이렇게 자연의 에너지로 생성된 채소의 탄수화물은 다시 우리의 생명 시스템을 구성하는 필수영양소로서 중요한 에너지원이 된다.

이러한 탄수화물은 반드시 음식을 통해 보충해야 하는데, 보통 우리가 에너지로 사용하는 하루 권장 섭취량 중 평균 60% 정도를 '탄수화물'로 채워야 한다고 알려져 있다. 그만큼 탄수화물은 생명을 유지하는 데 꼭 필요한 중요한 에너지원이라는 의미다.

그러나 탄수화물에 대한 사람들의 인식은 그렇게 호의적이지 않다. 탄수화물의 과다 섭취가 비만과 다양한 질환의 주요 위험 요인이라는 것이 알려지면서 보통의 건강한 사람조차 탄수화물의 섭취를 극단적으로 제한하는 추세가 굳건해졌다. 특히 식후 혈당 상승과 인슐린 과잉 분비에 치명적 영향을 주는 영양소로 알려지면서 탄수화물은 중요 영양소의 하나임에도 경고의 대상이 된 지 오래다. 하지만 그럼에도 불구하고 우리가 살아가는 데 탄수화물이 반드시 필요하고, 최소한으로라도 섭취해야 하는 필수적인 영양소인 것을 부정할 수는 없다.

따라서 탄수화물은 매일 적어도 100g 이상 채소와 곡물 등의 음식을 통해 섭취해야 한다. 이때 '100g(100% 현미밥 100g 기준 탄수화물의 양 32.83g)'은 반드시 섭취해야 하는 '최소 필요량'이자 '최소 섭취량'이다.

▶ **1일 탄수화물 최소 섭취량 100g의 근거 :** '100g'은 19세 이상 한국인이 매일 음식을 통해 섭취해야 하는 탄수화물의 하루 '평균 필요량'이다. 평균 필요량은 최소 섭취량을 의미하며, 이러한 기준의 근거는 하루 동안 뇌에서 사용되는 포도당의 필요량 '100g'을 토대로 제안한 것이다. 또 탄수화물 식사와 관련된 만성질환의 위험 감소와 하루 에너지 적정 비율 등도 100g의 근거이다.

흔히 탄수화물은 1그램(g)당 4킬로칼로리(kcal)의 에너지를 만든다고 하는데, 실제 필요한 탄수화물의 섭취량은 성별, 나이, 활동량, 질병 등 개인의 특성에 따라 달라질 수 있으므로 자신에게 적합한 에너지 필요 추정량을 찾는 것이 우선이다.

▶ **한국인의 에너지 추정량에 따른 주요 영양소 적정 비율(보건복지부)**

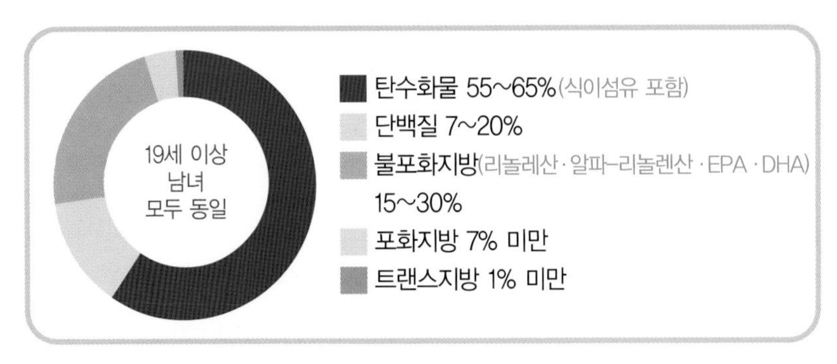

먼저 자신의 하루 필요 에너지 추정량을 파악한 다음에 자신이 섭취해야 할 탄수화물의 섭취량을 정하면 되는데, 이때 탄수화물의 종류에 따

탄수화물의 종류

단당류 더 이상 분해되지 않는 가장 단순한 당 다당류의 기본 단위	• 자일로스 • 알로스, 알트로스 • 갈락토스 • 글루코스(포도당) • 프럭토스(과당) • 소르보스, 타가토스
이당류 단당류에 포도당이 결합된 상태	• 수크로스(설탕, 자당) = 과당 + 포도당 • 말토스(엿당, 맥아당) = 포도당 + 포도당 • 락토스(유당) = 갈락토스 + 포도당
올리고당류 3개 이상의 단당류가 결합된 탄수화물	• 프락토올리고당(FOS) • 갈락토올리고당(GOS) • 아이소말토올리고당(IMO) • 말토덱스트린(말토 올리고당)

▶ 올리고당류는 다당류와는 다르지만 대체로 소화하기 힘든 식이섬유와 유사한 형태로 건강에 이로운 영향을 주는 탄수화물이다. 흔히 프리바이오틱스(Prebiotics)로 알려져 있는데, 체내에서 곧바로 분해되지 않고 이로운 유산균이나 비피더스균의 먹이가 된다. 이밖에 식이섬유의 일종인 '저항성 전분(Resistant Starch)'도 체내 대사에서 빠르게 분해되지는 않는다.

다당류 10개 이상의 복합 탄수화물	• 오트 베타-글루칸(수용성 식이섬유) • 셀룰로스(녹색채소) • 프럭탄(아티초크, 아스파라거스, 부추, 마늘, 양파, 야콘, 보리, 밀) • 이눌린(치커리) • 렌티난(표고버섯) • 시조필란(버섯) • 덱스트린(녹말) • 아밀로펙틴(찹쌀) • 아밀로스(감자 등의 저항성전분) • 키틴, 키토산(갑각류) • 카라기난, 갈락탄(해조류 중 우뭇가사리 등의 홍조) • 펙틴(과일류) • 잔탄검(양배추 등의 십자화과 채소)

라 먹는 양을 조절해야 한다. 왜 그럴까?

탄수화물은 단당류, 이당류, 올리고당류, 다당류 등으로 분류된다. 수많은 전문가는 탄수화물의 종류에 따라 세부 섭취량은 달라야 한다고 권고한다. 그러한 조언의 근거는 과일, 유제품, 음료, 농축 과일주스, 꿀, 설탕, 시럽, 식품 첨가당 등에 함유된 탄수화물이 단당류와 이당류 상태이기 때문이다. 단당류와 이당류의 식품을 섭취할 경우 채소, 곡물 등의 다당류 탄수화물과는 다르게 체내 대사에서 더 빠르게 분해된다. 이는 곧 혈당이 빠르게 상승하는 것을 의미하며, 그로 인해 상쇄되는 인슐린의 문제, 대사장애, 지방 축적, 혈중 활성산소 발생 등과 같은 건강상 문제점을 연쇄적으로 유발하기 때문이다. 따라서 탄수화물의 종류에 따라 섭취량을 조절하는 것은 매우 중요하다. 또 탄수화물의 무분별한 섭취를 방지하기 위해서라도 탄수화물의 종류를 어느 정도 파악하는 것은 필요하다.

특히 탄수화물 중 단당류와 이당류의 섭취량은 개인 특성을 고려하기보다 권장 섭취량을 지키는 것이 중요하다. 이때 권장 섭취량은 하루 동안 먹으면 되는 '당류의 최대 섭취량'을 의미하는데, 탄수화물의 전체 섭취량에서 식이섬유를 제외한 나머지 섭취량에 해당한다. 이때 음식의 조리에 사용하는 가공 양념류의 첨가당도 포함해야 하지만 간과하기 쉬워 별도로 확인해 두는 것이 필요하다.

▶ 세계보건기구(WHO)의 당류 권장 섭취량

세계보건기구(WHO)의 당류 권장 섭취량은 1일 필요 에너지 추정량 기준 10%로 제한했으나 최근에는 5%로 하향 조정하고 있다. 즉 당류를 모두 합산하여 1일 에너지 추정량의 5% 정도로 권장하고 있다.

지금까지의 내용을 토대로 탄수화물 식품 중 혈당 조절에 유익한 작용을 하는 채소는 반드시 한 끼 식사에서 빼놓지 않아야 할 기본이자 중요한 요소로 인식해야 할 것이다. 더 이상 채소가 건강한 식사의 토대가 되는 특별한 비법은 아니라는 의미다. 채소를 먹어야 하는 이유가 식이섬유의 섭취, 즉 혈당 스파이크 및 고혈당을 예방하기 위해서만은 아니라는 의미다.

1일 에너지 필요 추정량

다음의 표는 한국인의 활동 수준에 따른 1일 에너지 필요 추정량이다.

나이	여자			남자		
	낮은 활동 (kcal/일)	활동적 (kcal/일)	매우 활동적 (kcal/일)	낮은 활동 (kcal/일)	활동적 (kcal/일)	매우 활동적 (kcal/일)
19~29세	2,000	2,300	2,600	2,600	2,900	3,400
30~49세	1,900	2,200	2,500	2,500	2,800	3,200
50~64세	1,700	2,000	2,300	2,200	2,500	2,900
65~74세	1,600	1,800	2,100	2,000	2,300	2,700
75세 이상	1,500	1,700	2,000	1,900	2,200	2,600

1일 탄수화물 섭취량

다음의 표는 한국인의 하루 필요 에너지 추정량에 따른 1일 탄수화물 섭취량이다.

나이	여자			남자		
	하루 필요 에너지 추정량 (kcal/일)	탄수화물 1일 권장 섭취량 (g/일)	탄수화물 1일 평균 필요량 (g/일)	하루 필요 에너지 추정량 (kcal/일)	탄수화물 1일 권장 섭취량 (g/일)	탄수화물 1일 평균 필요량 (g/일)
19~29세	2,000			2,600		
30~49세	1,900			2,500		
50~64세	1,700	130	100	2,200	130	100
65~74세	1,600			2,000		
75세 이상	1,500			1,900		

▶ 에너지 추정량은 낮은 활동 에너지 소비량을 고려해 건강 체중을 유지하는 수준이며, 탄수화물의 1일 평균 필요량은 하루 동안의 최소 섭취량이다.

채소에는 식이섬유 외에도 비타민과 미네랄, 단백질, 항산화 성분 등 미량이지만 먹으면 유익한 작용을 하는 영양소가 골고루 함유되어 있기 때문이다. 채소에 대해 특별히 거부감만 없다면 끼니마다 먹어도 될 만큼 대체로 안전한 식품인 것도 그 이유다.

당류와 식이섬유의 1일 섭취량

다음의 표는 한국인의 하루 필요 에너지 추정량에 따른 당류 1일 권장 섭취량과 1일 식이섬유 섭취량 및 필요량이다.

<table>
<tr><th rowspan="2">나이</th><th colspan="3">여자</th><th colspan="3">남자</th></tr>
<tr><th>당류 1일 권장 섭취량 (g/일)</th><th>식이섬유 1일 충분 섭취량 (g/일)</th><th>탄수화물 1일 평균 필요량 (g/일)</th><th>당류 1일 권장 섭취량 (g/일)</th><th>식이섬유 1일 충분 섭취량 (g/일)</th><th>식이섬유 1일 평균 필요량 (g/일)</th></tr>
<tr><td>19~29세</td><td>25</td><td rowspan="5">20</td><td>15</td><td>32.5</td><td rowspan="3">30</td><td>18</td></tr>
<tr><td>30~49세</td><td>23.75</td><td>20</td><td>31.25</td><td>23</td></tr>
<tr><td>50~64세</td><td>21.25</td><td>25</td><td>27.5</td><td>27</td></tr>
<tr><td>65~74세</td><td>20</td><td>20</td><td>25</td><td rowspan="2">25</td><td>24</td></tr>
<tr><td>75세 이상</td><td>18.75</td><td>13</td><td>23.75</td><td>17</td></tr>
</table>

▶ 표에 제시한 '당류 1일 권장 섭취량'은 세계보건기구(WHO)의 권장 비율에 따른 섭취량이다. 보건복지부가 제시한 한국인의 당류 하루 권장 섭취 비율은 보통의 일반인을 기준으로 하루 필요 에너지 추정량의 10~20%이다. 반면, 세계보건기구(WHO)는 당류 1일 섭취량을 하루 에너지 추정량 2,000㎉ 기준 10% 미만인 50g이다. 현재는 5%인 25g으로 하향 권장하고 있다.

▶ 식이섬유의 1일 충분 섭취량은 보건복지부가 한국인을 대상으로 권장하는 섭취 기준이며, 건강을 유지하는 충분한 섭취량이다.

▶ 식이섬유의 1일 평균 필요량은 보건복지부가 권장하는 섭취 기준으로 만성질환을 예방하는 1일 최소 섭취량이다.

◎ 표 자료 출처 : 「국민영양관리법」에 근거한 보건복지부의 '한국인 영양섭취 기준 활용'

그렇다면 채소에는 탄수화물이 얼마나 들어 있을까? 다음 페이지의 표는 채소에 탄수화물이 얼마나 들어 있는지, 탄수화물의 전체 양, 당류의 함유량, 식이섬유의 함량을 소개한 자료이다. 우리에게 대체로 친숙한 채소(해조류 포함)와 채소처럼 먹는 과일, 샐러드에 추가하는 과일, 양껏 먹어도 좋다고 알려진 채소 중 70가지를 엄선한 것으로써 탄수화물 · 당류 · 식이섬유의 함량을 파악할 수 있다.

다만 탄수화물 함량이 높은 채소라고 해서 해당 채소를 고당·고탄수화물 식품이라고 단정해서는 안 된다. 결론적으로 말해 '채소의 탄수화물'에는 식후 혈당 스파이크에 도움이 되는 '식이섬유'가 포함되어 있기 때문이다. 즉, 채소의 탄수화물은 건강상 이로운 작용을 하는 중요 영양소이자 혈당 스파이크를 예방하는 가장 안전한 해법이다. 더 이상 '채소의 탄수화물'에 의문을 제기할 필요가 없다는 의미다.

◎ 표 자료 출처 : 농촌진흥청 국립농업과학원의 「식품영양 · 기능성정보」에 의한 '국가표준식품성분표'

혈당 스파이크는 내 몸을 이렇게 바꾼다!

❶ 체내 세포가 인슐린에 잘 반응하지 않는 상태로 만들어 혈당 조절 기능이 저하된다.
❷ 지방 세포에서의 지방 분해 과정을 통제하지 못해 내 몸에 필요한 에너지를 유지하지 못한다.
❸ 지방과 단백질 대사가 원활하지 않아 내 몸에 필요한 에너지를 빠르게 공급하지 못한다.
❹ 스트레스 호르몬의 분비를 촉진해 식욕을 높인다.
❺ 결국 내 몸의 기초대사량을 낮춰 내장지방은 증가하고 근육량은 감소해 살이 잘 찌는 몸으로 만든다.

채소	100g 기준(익히지 않은 생것)							
	탄수화물 (g)	당류(g)					식이섬유(g)	
		자당	포도당	과당	맥아당	갈락토오스	수용성	불용성
시금치	4.86	0	0.2	0.2	0	0	0.6	2.5
근대	3.28	0	0	0	0	0	0.9	1.8
아욱	7.64	0	0	0	0	0	0.7	3.8
케일	4.61	0	0	0	0	0	0.6	2.6
청경채	1.64	0	0	0	0	0	0.2	1.0
부추(솔부추)	4.32	0	0.72	0.97	0	0	0.2	1.1
대파	4.80	0.04	1.23	1.25	0	0.11	0.2	1.4
쪽파	4.24	0	0.45	0.59	0.02	0.11	0	1.1
배추	3.20	0	0.88	0.82	0	0.04	0.2	1.2
열무	1.99	0	0	0	0	0	0.1	1.2
루꼴라	4.20	0	0.79	0.18	0	0	0	1.3
로메인	3.11	0	0.22	0.29	0	0	0.4	1.5
양상추	3.66	0	0.95	1.01	0	0	0.7	0.8
오이(다다기)	2.79	0	0.76	0.75	0	0	0.1	0.6
오이(취청)	2.55	0	0.79	0.98	0	0	0.2	0.6
셀러리	3.95	0	0	0	0	0	0.1	2.1
콩나물	3.80	0	0.07	0.23	0.05	0	0	1.6
숙주나물	2.34	0	0	0	0	0	0.2	1.5
고수	4.53	0	0.34	0.36	0	0	0.8	1.6
빨간 피망	6.94	0	1.02	2	0	0	0.6	1.4
녹색 피망	5.36	0	0.62	0.73	0	0	0.5	2.2
당근	7.03	2.72	1.88	1.63	0	0	0.7	2.4
아스파라거스(녹색)	2.53	0	0.61	0.74	0	0	0.5	1.2
아스파라거스(흰색)	3.51	0.36	1.51	1.63	0	0	0.6	1.2
양배추	7.92	0	1.98	2.81	0	0	0.8	1.9
양배추(방울다다기)	11.17	1.55	1.02	0.98	0	0	1.0	4.5
양배추(적색)	9.53	2.48	1.35	0.94	0	0	0.4	4.3
콜리플라워	4.84	0.57	0.87	0.84	0	0	0.3	4.3
브로콜리	6.32	0	0.24	0.55	0	0	0.1	3
꽈리고추	7.78	0	1.13	0.85	0	0	0.5	2.7
청양고추	7.01	0	0.34	0	0	0	0.8	3.9
양파	6.67	0.65	2.79	2.30	0	0	0	1.7
양파(자색)	7.81	0.64	1.38	1.30	0	0	0.7	0.8
마늘	26.42	0	0.23	0	0	0	1.6	2.3
가지	4.36	0	1.09	1.23	0	0	0.4	2.3

채소 · 버섯 해조류 과일	100g 기준 (익히지 않은 생것)							
	탄수화물 (g)	당류 (g)					식이섬유 (g)	
		자당	포도당	과당	맥아당	갈락토오스	수용성	불용성
연근	17.28	1.62	0	0.19	0	0	0.9	2.4
우엉	15.29	0.36	0.76	1.75	0	0	0.2	4.4
장마	9.55	0	0.61	1.61	0	0	0.3	1.5
여주	4.48	0	0.25	0.11	0	0	0.3	3.3
무(조선무)	4.34	0.05	0.73	0.99	0	0.02	0.5	0.7
고구마(호박)	33.81	0	0	0	9.83	0	0.8	1.2
고구마(밤)	37.22	0	0	0	9.83	0	1.2	1.5
단호박	13.63	0	1.66	3.08	0	0	1.5	3.5
애호박	5.14	0	0.95	1.48	0	0	0.7	1.5
돼지호박(쥬키니)	5.54	0	1.17	1.17	0	0	0.3	1.5
감자	15.08	0	0	0	0	0	0.4	2.3
감자(수미)	16.07	0	0	0	0	0	0.5	1.2
새송이버섯	6.54	0	0.25	0	0	0	0.4	2.8
표고버섯(갓)	8.03	0	0.37	0.03	0	0	2.1	2.8
표고버섯(대)	14.02	0	0.64	0.02	0	0	1.7	6.4
양송이버섯	3.89	0	0.07	0.03	0	0	0.4	1.7
느타리버섯	4.70	0.22	0.52	0	0	0	0.4	2.5
세발나물	3.59	0	0	0	0	0	0.6	2.1
파래	2.95	0.02	0	0	0	0	1.4	0.7
미역	3.70	0	0	0	0	0	0.9	2.6
토마토	4.26	0	1.13	1.24	0	0	1.4	1.2
흑토마토	5.22	0	1.35	1.61	0	0	0.3	0.6
대저토마토	5.87	0	0	1.45	0	0	0.6	1.3
방울토마토	6.02	0	1.84	2.05	0	0	0.9	1.2
아보카도	8.53	0.06	0.37	0.12	0	0.1		6.7
딸기(설향)	8.50	0	2.69	3.40	0	0	0.8	0.6
산딸기	13.55	0	3.97	3.83	0	0	2.8	4.1
블루베리	11.11	0.08	4.02	3.76	0	0	0.8	1.6
파인애플	14.32	5.84	2.98	1.44	0	0	0.8	1.7
바나나	20.00	3.74	5.49	5.17	0	0	0.7	1.5
사과(부사)	14.28	2.15	2.62	6.37	0	0	0.6	1.1
참외(씨 포함)	11.67	5.92	1.52	1.64	0	0	0.7	1.0
참외(씨 제거)	11.23	6.65	1.50	1.66	0	0	1.6	1.3
귤	10.04	4.30	1.93	1.75	0	0	0.6	1.0
레몬	9.27	0	1.16	0.72	0	0	0.1	0.9

필요한 것은 혈당을 위한 저속노화 당질제한식

: '저탄 김밥'이란? :

'저탄 김밥'은 다양한 식재료를 통해 영양소를 골고루 섭취하는 '김밥'의 장점을 살리되, 밥을 많이 먹게 하는 '고탄수화물' 식품의 단점을 극복한 '저탄수화물' 음식이다. 즉, 한 줄의 '저탄 김밥'으로 착한 탄수화물과 식이섬유, 좋은 지방, 양질의 단백질, 비타민과 미네랄 등 유익한 영양소의 동시 섭취가 가능하다. 이렇게 균형 잡힌 영양소의 섭취는 곧 적절한 양의 탄수화물 섭취를 가능하게 해 식후 혈당을 조절하는 데 그 의미가 있다. 특히 김밥의 이로운 점을 잘 살린 '저탄 김밥'을 꾸준히 먹는다면 저당·저탄수화물 식단을 어렵지 않게 실천할 수 있다.

그동안 '김밥'은 체내 중성지방 수치를 높이고, 식후 혈당 스파이크를 일으키는 주범인 고탄수화물의 대표 음식이었다. 이처럼 김밥이 대표적인 고탄수화물 음식으로 인식된 주요 원인은 '하얀 쌀밥의 양' 때문이다. 평소 김밥을 한 번쯤 말아본 사람은 누구든 김밥 한 줄에 들어가는 흰 쌀밥의 양이 의외로 많다는 데 공감할 것이다. 김밥의 맛을 내는 양념도 대체로 달달한 편이다. 그런데 이러한 김밥을 의식하지 않고 마음껏 먹는다면 내 혈당은 어떻게 될까?

원래 김밥은 누구나 선뜻 다가갈 만큼 맛이 좋은 마력의 음식이다. 일단 김밥 하나만 입에 넣으면 계속 먹고 싶어지고, 나중에는 제어가 잘되지 않을 정도로 자꾸자꾸 입에 넣게 된다. 따라서 미리 섭취량을 정하지 않고 먹는다면 당과 탄수화물의 섭취 총량이 늘어날 수밖에 없는 것이다.

그러므로 당과 탄수화물 섭취량을 조절하고 식후 혈당을 제어하기 위해서는 '흰쌀밥'을 대체할 만한 핵심 재료가 필요한데, 이 책에서 제시하는 '저탄 밥'이 바로 식후 혈당 관리에 도움이 되는 비법 레시피이다. 또한 상큼한 맛을 더하는 저당 '채소 피클'과 김밥을 찍어 먹는 좋은 지방의 '키토소스'는 '저탄 밥'과 함께 혈당 잡는 시크릿 레시피이기도 하다. 여기에 김밥 재료로 흔히 사용하는 햄, 게맛살, 어묵, 단무지 등 가공식품 대신 다양한 채소의 식이섬유, 양질의 단백질과 좋은 지방을 동시에 섭취할 수 있는 재료를 선택해 유익한 영양소를 골고루 섭취하도록 유도하며 결국 혈당 관리가 쉽도록 설계했다.

정리하면 '저탄 김밥'은 식후 혈당을 높이는 재료와 양념을 배제하거나 적절히 조절해 혈당에 이로운 작용을 하도록 유도하는 당질제한식 레시피를 제안한다. 밥이 없는 '키토 김밥', 식이섬유에 주력한 '샐러드 김밥', 당뇨식 '커팅 김밥'으로 세분화해 개발한 레시피가 그것이다. 따라서 '저탄 김밥'은 매일 먹어도 안심이 될 만큼 식후 혈당 관리에 도움을 주고, 동시에 한 끼 식사로 부족함이 없도록 잘 짜여진 레시피이다.

무엇보다 '저탄 김밥'의 레시피는 '저당·저탄수화물 식사'를 오랫동안 유지해 '저속노화'를 실현하는 데 궁극의 목표를 둔다. 특히 이 책에 수록된 '저탄 김밥' 레시피는 식재료의 당지수를 염려할 필요 없이 안심하고 맛있게 한 끼 식사를 즐길 수 있도록 설계되었다.

또한 '저탄 김밥'은 입안에서 산뜻한 느낌을 만끽하도록 신선한 재료의 조합으로 구성하고, 좋은 지방의 섭취라는 과제를 빼놓지 않아 식후 포만감도 좋다. 씹는 식감과 저작(咀嚼)으로 인한 심리적 포만감은 덤이다. 그로 인해 체중 감량이 필요한 이들도 '저탄 김밥'을 한 끼 식사로 잘만 활용하면 배고프지 않은 다이어트가 가능하다.

'저탄 김밥'은 김밥 한 줄의 가치를 기대 이상으로 드높이면서 한 끼 식사의 유희까지 누릴 수 있는 최적의 저속노화 레시피이다. 특히 식사를 준비하는 과정이 복잡하거나 유별나지 않아 편의성 좋은 식단이 될 것이다.

따라서 기존 식단에 가감하거나 교정이 필요한 나쁜 식습관에 변화를 주고 싶다면 '저탄 김밥'을 추천한다. 특히 탄수화물 식사에 주의를 기울여야 하는 사람, 저당·저탄수화물 식단을 오랫동안 유지해야 하는 특정 질환자에게는 더할 나위 없이 유익한 맞춤형 식단으로 활용될 수 있을 것이다.

저탄 김밥의 장점

❶ 저당·저탄수화물 식단을 꾸준히 유지해 저속노화 식단을 실천할 수 있다.
❷ 밥 대신 시크릿 레시피인 '저탄 밥'을 엄선해 식후 혈당을 케어하는 데 도움을 받을 수 있다.
❸ 혈당 스파이크에 대처하는 나만의 '저탄 김밥' 메뉴로 자유롭게 응용 및 활용할 수 있어 지속적인 식단 관리가 가능하다.
❹ 선택하는 김밥 재료에 따라 매운맛, 상큼한 맛, 고소한 맛 등 원하는 맛을 맛있게 즐길 수 있다.
❺ 다양한 재료로 영양소의 균형을 갖춘 김밥을 만들 수 있어 효율성 좋은 한 끼 식사가 가능하다.

혈당 스파이크를 관리하는 4주 실천 지침

혈당 조절 기능의 감퇴는 '체중 증가'를 비롯해 세계가 심각하게 여기는 만성질환인 '당뇨'의 첫 번째 원인이다. 물론 노화를 비롯한 혈당 관련 질병과 다른 만성질환도 예외는 아니다. 하지만 우리는 너무나도 오랫동안 달콤한 유혹을 떨치지 못하고 있다. 심지어 피곤할 때마다 달콤한 음식을 오히려 더 섭취하려고 한다.

: 설탕은 에너지로 사용되지 않는다 :

건강한 사람들은 혈당 수치를 일정하게 유지한다. 안정된 혈당 수치를 유지하기 위해서 단당류 식품, 설탕을 비롯한 액상과당, 정제 탄수화물 식품 등 고당·고탄수화물 식품을 되도록 멀리한다. 왜 그럴까? 그들은 긍정적인 몸의 변화를 일찌감치 경험한 덕분이다.

혈당 수치가 안정되면 지긋지긋한 피로에서 탈출하고 에너지가 넘치는 자신을 발견하게 된다. 무엇보다 체중을 빠르게 줄일 수 있고, 설탕과 액상과당 등의 달콤한 자극제를 간절히 찾지도 않게 된다. 또 불안·짜증·우울감·분노·공격성 등 감정기복이 잦아들고 기억력과 집중력은 높아진다. 결국 두뇌와 신체의 노화 속도가 더뎌진다. 특히 혈당 관련 질병과 만성질환에 걸릴 확률은 급격히 줄어든다.

고당·고탄수화물 식품을 섭취하면 포도당의 형태로 빠르게 흡수되며 혈당 수치는 급격하게 상승한다. 그리고 남은 포도당은 지방으로 저장되고, 혈당 수치는 다시 낮아져 안절부절 못하거나 피로감, 졸음, 배고픔 등을 느끼게 된다. 흡수가 빠른 고당·고탄수화물 식품이 위험한 이유는 한꺼번에 포도당을 체내로 방출함으로써 혈당을 급격하게 요동치게 만든다는 것이다.

만일 피로감과 졸음 등 혈당 스파이크 증상을 자주 겪는다면 혈당 수치를 안정화하기 위해서 더 이상 식습관의 교정을 미루지 않아야 한다. 변화된 식단을 통해 하루라도 빨리 혈당 스파이크를 관리하고, 정상적인 에너지 수준과 신체 노화 관리, 체력 회복, 적정 체중 유지, 뇌와 눈 건강, 기분·주의력·집중력 등 정신 건강의 향상까지 도모해야 하기 때문이다.

먼저 '혈당 스파이크를 관리하는 4주 실천 지침' 내용을 참고해 일주일 식사 규칙을 세운다. 그런 다음 일주일간 매일 실천하고, 일주일이 끝날 때마다 점검한다. 이렇게 실천과 점검을 7일씩 4주간 반복하는데, 만일 식습관이 잘 유지된다면 점검의 시간을 2주 혹은 4주 단위로 기간을 연장해서 관리해도 좋다. 중요한 것은 혈당 관리에 도움이 되는 식품을 꾸준히 먹는 것인데, 내가 먹을 탄수화물 식품의 종류를 잘 선택하는 것이 중요하다. 그런 다음 자신이 가장 참기 힘든 음식이 어떤 것인지 파악한 후 음식의 종류에 따라 먹는 양을 조절한다. 혈당 관리를 위한 식단은 오롯이 나를 위한 것이므로 되도록 실천 가능성이 높은 음식으로 구성하도록 한다. 혈당 스파이크를 관리하고 혈당 수치를 안정화하는 최고의 해법은 반드시 '나만의 규칙'을 스스로 만들어 꾸준히 실천하는 것이다. 무엇이든 실행력이 낮은 규칙은 목표를 달성하기 어렵게 만들기 때문이다.

혈당 스파이크를 관리하는 저탄 김밥 한 끼 식사법

하루 한 번 '식판'에 '저탄 김밥'과 다양한 재료의 '샐러드'를 담으면 혈당 관리에 좋은 식이섬유 섭취가 한결 쉬워진다. 특히 '식판'을 활용하면 먹는 식품의 종류와 양을 한눈에 볼 수 있어 골고루 음식을 먹게 되고, 먹는 양을 조절하기 좋다. 따라서 식습관 교정이 제대로 자리 잡을 때까지는 식판의 사용을 추천한다.

112 도자기 식판 : 클레이사인

Guide 이 책에 수록된 레시피별 저탄 김밥의 양은 1인분이 아닙니다. 자신에게 알맞은 식사량에 따라 조절해서 먹고, 채소 샐러드(80~150g)를 추가해서 먹으면 좋습니다.

무엇을 먹고 무엇을 절제할 것인지 결정한다

- 매 끼니마다 다양한 채소와 양질의 단백질 식품을 섭취한다.
- 아침 식사는 거르지 않고 되도록 먹는 것을 추천한다. 또 식이섬유 식품을 소량이라도 한 끼 식사에 반드시 포함한다.
- 약간의 견과류, 씨앗류, 올리브오일 · 들기름 · 아보카도오일 등 좋은 지방의 식품은 최소 1회 이상 채소와 함께 섭취한다.
- 내가 가장 절제해야 할 식품(설탕, 액상과당, 식품 첨가당, 농축과즙음료 등)을 정한 다음 먹는 횟수와 섭취량을 정하고 매일 기록하기를 권한다. 이렇게 하면 향후 식습관을 개선하는 데 큰 도움이 된다.
- 과일의 경우 해당 과일에 포함된 당류에 따라 먹는 양을 정한다. 이때 자당 · 포도당 · 과당 중 하나 이상이 높게 함유된 과일이라면 과도하게 섭취하지 않도록 주의한다.

나를 위한 식사 규칙을 만든다 : 시간 · 섭취량 · 탄수화물 식품 리스트

- 식사 시간은 되도록 변동 없이 정한 시간에 먹는다.
- 매끼 먹는 나만의 식사량을 정한다. 이러면 기분과 상황에 따라 식사량에 차이가 나거나 과도하게 초과해서 먹는 것을 예방할 수 있다. 이때 먹는 양을 보다 잘 조절하기 위해 '식판식'과 같은 나만의 전용 식사 그릇을 정하면 도움이 된다.
- 탄수화물 식품의 종류에 따라 제한하거나 권장하는 섭취 품목 리스트를 만든다.

영양소에 따라 음식의 섭취 순서를 정하고 112 비율로 음식을 구성한다

- 혈당 스파이크를 예방하는 착한 탄수화물과 식이섬유, 양질의 단백질, 좋은 지방 등을 동시에 섭취하는 '저탄 김밥'을 하루 한 끼(점심 또는 저녁 추천)에 적용한다.
- 일반식의 경우에는 먹는 음식의 순서에 따라 식후 혈당에 영향을 준다. 따라서 식사 시 음식은 ①⇒②⇒③ 순으로 먹는 것을 권장한다.
  ① 식이섬유가 풍부하고 양껏 먹어도 좋은 다양한 채소(채소 섭취 시 씨앗류, 견과류, 아보카도, 올리브오일 등 좋은 지방의 식품 포함)
  ② 양질의 단백질 식품(단백질 식품으로 두부, 콩 섭취 시 탄수화물 식품의 양을 조절하거나 배제)
  ③ 저당·저탄수화물 식품(두부, 콩, 통곡물, 녹말 채소, 과일 포함)
- 식사 시 영양소에 따른 음식 섭취 비율은 '112'이다. 한 끼 먹을 음식의 섭취 비율은 다음과 같다.
  - 1(한 끼 식사의 25%) : 저당·저탄수화물 식품
  - 1(한 끼 식사의 25%) : 양질의 단백질 식품
  - 2(한 끼 식사의 50%) : 식이섬유와 항산화 성분의 다양한 채소(좋은 지방의 식품 포함)

계량과 양념 사용 가이드

1큰술 : 15g

• 장과 가루 1큰술 : 밥숟가락으로 수북하게 1스푼

• 액체 1큰술 : 밥숟가락 1+1/2스푼

1/2큰술 : 7.5g

• 장과 가루 1/2큰술 : 밥숟가락으로 약간 수북하게 1/2스푼

• 액체 1/2큰술 : 조금 적은 양의 1스푼

1작은술 : 5g

• 장과 가루 1작은술 : 밥숟가락 1/3 정도 수북하게(수북하게 1티스푼)

• 액체 1작은술 : 밥숟가락 1/2(깎아서 2티스푼)

1/2작은술 : 2.5g

• 장과 가루 1작은술 : 밥숟가락 1/3 정도 수북하게(수북하게 1티스푼)

• 액체 1작은술 : 밥숟가락 1/2(깎아서 2티스푼)

* 물 또는 액체 양념 등의 1컵 분량은 200㎖입니다.
종이컵 1컵으로 맞춰도 됩니다.

올리브오일, 소금, 식초, 간장 등
사용하는 양념의 제품에 따라 음식 맛은 달라질 수 있습니다.
특히 올리브오일은 등급과 원산지 등에 따라 향과 맛에서 차이가 큽니다.
또 식초의 경우에는 단맛이 강한 것도 있고 신맛이 강한 제품도 있어요.
따라서 간을 맞출 때는 기준보다 적게 넣고 조금씩 첨가하는 게
오히려 실패 없이 음식 맛을 잘 살릴 수 있습니다.

* 간을 맞출 때는 입맛에 맞춰 조금씩 조절해도 되는데
너무 과하게 넣는 것만 주의하면 됩니다.

* 혈당 스파이크를 관리하고 당뇨를 예방하기 위해서는
단맛을 내는 양념(맛술 포함) 사용에 유의하세요.

* 올리브오일의 경우 굽거나 볶을 때는 발연점이 높은 퓨어 제품을 선택하거나
아보카도오일을 사용하세요.
또 열을 가하지 않는 음식에 첨가하거나 그대로 섭취할 경우에는
엑스트라 버진 등급의 제품을 추천합니다.

* 레시피에서 사용한 김(김이가 '구운김밥김' 제품)은 한 장당 2g입니다.

Guide 이 책에 제시한 재료의 양은 대체로 김밥 1줄을 만들 수 있는 분량입니다.
다만 김밥 속 재료를 많이 넣어 김밥 말기가 어렵다면 넣는 양을 조금 줄이면 됩니다.

고당 · 고탄수화물 식품은 혈당 스파이크를 일으키는 주범이며
두뇌와 신체의 노화를 촉진합니다.
식이섬유 중심의 저속노화 당질제한식 '저탄 김밥'으로
식단만 바꿔도 노화 속도를 늦출 수 있습니다.

김밥의 기본 가이드

1 Guide 고슬고슬하게 밥 짓기

김밥에 넣는 흰쌀밥은 찰기가 있어 고슬고슬하게 지어야 배합초 등의 양념을 섞어도 밥이 질어지지 않아요. 또 김 위에 밥을 펼쳐 담을 때 한결 수월하고, 김밥을 말 때 질척거리지 않아 김이 눅눅해지지 않아요. 반면 현미와 같이 통곡물로 밥을 지을 때는 찰현미 등을 섞어 약간의 찰기를 추가하거나 흰쌀밥보다는 밥물을 조금 더 넣는 것이 좋아요. 또는 밥물을 잡은 다음 물에 담가 불린 후 밥을 지어도 됩니다.

▶ 다만 쌀을 물에 담가 너무 오래 불리면 쌀알이 탱탱하지 않고 오히려 퍼지기 쉬워요. 또 쌀을 씻은 후 밥물을 잡고 그 물에 불려 그대로 밥을 지어야 곡물의 영양소를 보존할 수 있어요.

▶ 갓 지은 밥은 나무주걱을 사용해 밥을 섞어야 수분을 날려줘 밥이 좀 더 고슬고슬해져요.

2 Guide 가장 많이 하는 2가지 맛의 밥 양념하기

김밥에 넣는 밥 양념은 보통 새콤달콤한 맛과 고소한 맛의 2가지로 합니다. 새콤달콤한 맛은 식초와 설탕으로 맛을 내고, 고소한 맛은 참기름과 참깨를 주로 사용해요. 또 약간의 소금을 추가해 간간하게 밥맛을 맞추면 됩니다.

▶ 새콤달콤한 맛 : 식초와 설탕의 비율을 1:1 또는 2:1로 하고, 소금은 밥 100g 기준 0.5g 정도면 됩니다.

▶ 고소한 맛 : 참기름과 참깨의 비율을 1:1로 하고, 소금은 밥 100g 기준 0.5g 정도면 됩니다.

▶ 저탄 김밥의 밥 양념은 재료에 따라 다르며, 레시피별로 설명되어 있어요.

3 Guide 김밥 모양을 위해 다양한 틀 활용하기

김밥은 맛과 식감, 색깔도 중요하지만 완성된 김밥의 모양도 중요해요. 또 김밥의 크기와 두께에 따라 맛도 다르게 느껴집니다. 김밥 모양을 만드는 기본 도구는 김발이지만 김밥 틀을 활용하면 무스비 스타일의 사각 모양, 삼각 김밥 등을 만들 수 있어요. 또 김을 잘 활용하면 물방울 모양의 김밥, 꼬마 김밥, 누드 김밥 등으로 다양하게 모양을 만들 수 있어요.

▶ 저탄 김밥의 다양한 모양은 재료에 따라 다르며, 레시피별로 설명되어 있어요.

4 Guide 맛있는 김밥을 위한 재료 조합하기

김밥은 주된 맛과 식감, 색깔을 결정한 다음 재료를 선정하면 특색을 살린 맛있는 김밥을 만들 수 있어요. 먼저 김밥의 맛을 어떤 맛으로 할지 결정해요. 그리고 재료의 식감을 고려하세요. 그런 다음 재료의 색깔을 고려하면 만드는 김밥의 특징이 분명해져요. 마지막에는 향을 추가할 재료를 선정하면 더욱 풍부한 맛의 김밥이 됩니다.

5 Guide 김밥의 완성도를 높이는 마무리하기

김으로 모든 재료를 감싸면서 단단하게 돌돌 잘 말아도 마지막에 김이 잘 붙지 않으면 김밥을 자를 때도 깔끔하지 않고 김밥이 터질 수 있어요. 이처럼 김밥의 완성도를 높이는 비법은 김 끝부분을 잘 접착하는 것입니다.

▶ 돌돌 말아 완성한 김밥을 김의 접착 부분이 바닥으로 가도록 3~5분 정도 두면 어느 정도 김 끝부분이 잘 붙어요.

▶ 김 끝부분에 물을 바르면 김이 잘 붙어요. 다만 물을 너무 많이 바르면 자칫 김이 풀어질 수 있으니 주의해야 해요.

▶ 밥을 넣은 김밥은 김 끝부분에 밥알을 조금 짓이겨 바르고, 밥이 없는 김밥은 김 끝부분에 약간 녹진한 슬라이스 치즈 1장을 반으로 잘라 나란히 깐 다음 돌돌 말면 잘 붙어요.

▶ 녹말물을 김 끝부분에 바르면 잘 붙고 김밥 모양 잡기가 수월해요. 녹말물 만드는 방법은 의외로 간단하므로 김밥 말기가 서툴거나 밥 없이 김밥을 만들 때 사용하기 좋아요.

녹말물은 작은 크기의 볼에 물 2큰술과 돼지감자 전분(또는 마 전분, 감자녹말, 찹쌀가루, 쌀가루 등) 1작은술을 넣고 잘 섞어 전자레인지에서 30초~1분간 돌려주면 간단히 만들 수 있어요.

6 Guide 기름 잘 활용하기

참기름, 들기름 등 고소한 맛을 돋우는 기름을 잘 사용하면 김밥 맛도 좋아지고 반짝반짝 윤이 나는 김밥을 만들 수 있어요. 밥 양념에 기름을 넣어도 되지만 완성한 김밥의 김 겉면에 기름을 바르면 윤이 나 훨씬 더 맛있는 김밥으로 만들 수 있어요. 또 기름을 바른 다음 김밥을 자르면 깔끔하게 자를 수 있어요.

▶ 김밥을 자를 때 칼날에 기름을 조금 더 바르면 김밥 썰기가 훨씬 수월해져요.

GIMBAP TIPS

저탄 김밥을 위한 시크릿 레시피

혈당 잡는 '저탄 밥'
상큼한 맛을 더하는 저당 '채소 피클'
좋은 지방을 섭취하는 '키토소스'

1 : 두부 밥

＋ 저탄 밥

- ☐ 볶은 두부 100g (생두부 115g)
- ☐ 밥 50g

＋ 밥 양념

- ☐ 들기름 1/2작은술, 참기름 1/2작은술
- ☐ 소금 0.5g

Guide
① 김밥 1줄 기준 밥을 넣지 않을 때 : 볶은 두부 200g (기름 없이 볶아 수분 제거한 두부)
② 김밥 1줄 기준 밥을 섞을 때 : 볶은 두부 100g, 밥 50~70g

RECIPE

1 두부는 흐르는 물에 가볍게 한 번 헹군 다음 전자레인지 전용 용기에 담아 1분 30초~2분 정도 돌린다.

2 두부에서 빠져나온 물은 버리고, 두부만 팬에 담는다.

3 수분을 미리 뺀 두부는 으깬 다음 기름을 두르지 않고 강한 불에서 물기 없이 바짝 볶는다.

4 밥에 볶은 두부, 들기름과 참기름, 소금을 넣고 골고루 잘 섞는다.

- 두부를 볶기 전에 먼저 전자레인지에 넣고 돌리면 수분이 어느 정도 빠져 조리 시간을 단축할 수 있어요.
- 볶은 두부만 단독으로 사용할 경우에는 점도가 없어 김밥 말기가 까다로울 수 있어요. 이때 볶는 마지막 과정에 슬라이스 치즈 한 장을 추가해서 섞으면 끈기를 더하면서 맛도 더 좋아져요.
- 밥에 넣는 기름은 기호에 맞게 올리브오일이나 아보카도오일 등으로 대체하세요.

SECRET
RECIPE

혈당 잡는 저탄 밥 1·2

두부 밥

양배추 밥

2 : 양배추 밥

+ 저탄 밥

- [ ] 채 썬 양배추 50g
- [ ] 밥 70g

+ 밥 양념

- [ ] 아보카도오일 1작은술
- [ ] 소금 0.5g

Guide
① 김밥 1줄 기준 밥을 넣지 않을 때 : 양배추 채 70g
② 김밥 1줄 기준 밥을 섞을 때 : 양배추 채 40~50g, 밥 70~80g

RECIPE

1 양배추는 겉잎을 떼어내고 채를 썬다.

2 채 썬 양배추를 물 1리터에 식초 1큰술을 넣고 5분 이내로 담가둔다.

3 깨끗하게 헹군 후 물기를 완전히 제거한다.

4 볼에 준비한 양배추, 밥, 아보카도오일, 소금을 넣고 잘 섞는다.

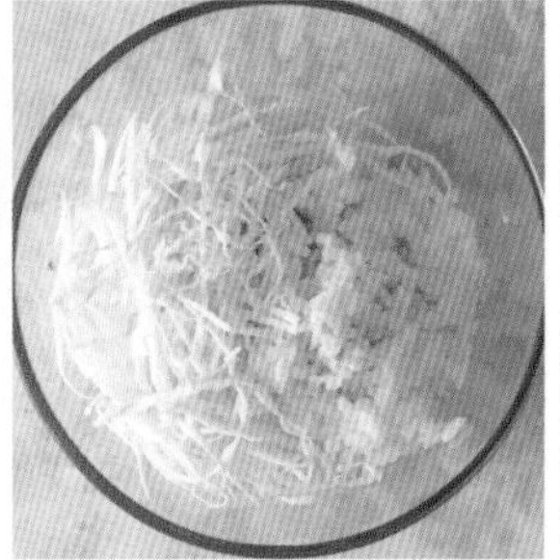

- 양배추는 손질 후 씻어야 좀 더 깨끗하게 세척할 수 있어요. 또 식초 물에 담가두면 살균효과가 있으므로 채소를 씻을 때는 식초를 활용하세요. 다만 영양분 보존을 위해 물에 오랜 시간 담가두지 않도록 합니다.
- 양배추는 신선한 상태로 먹어야 영양소를 온전히 섭취할 수 있어요. 찌거나 볶는 등 고온 조리 시 양배추에 함유되어 있는 영양소가 쉽게 파괴되므로 생으로 섭취하는 것이 가장 좋습니다. 또 많은 양을 먹으면 가스가 차거나 복통이 생길 수 있으니 주의하세요.
- 밥에 넣는 기름은 기호에 맞게 대체하세요.

SECRET
RECIPE

혈당 잡는
저탄 밥
3 · 4

콜리플라워 밥

아보카도 밥

3 : 콜리플라워 밥

+ 저탄 밥

- [ ] 볶은 콜리플라워 50g(생콜리플라워 60g)
- [ ] 밥 50g

+ 밥 양념

- [ ] 올리브오일 1작은술
- [ ] 소금 0.5g

Guide
① 김밥 1줄 기준 밥을 넣지 않을 때 : 볶은 콜리플라워 80g(생콜리플라워 90g)
② 김밥 1줄 기준 밥을 섞을 때 : 볶은 콜리플라워 50g, 밥 50~70g

RECIPE

1 콜리플라워는 깨끗이 씻어 준비한다. 다만 너무 오랫동안 씻거나 표면에 상처를 입히지 않도록 주의한다.

2 한 송이씩 잘라낸 후 한 번 더 헹궈 물기를 제거한다.

3 준비한 콜리플라워를 밥알 크기 정도로 잘게 다진다.

4 예열한 팬에 다진 콜리플라워를 넣고 중불에서 수분이 날아가도록 빠르게 볶는다. 불을 끄고 마지막에 밥과 올리브오일, 소금을 넣고 잘 섞는다.

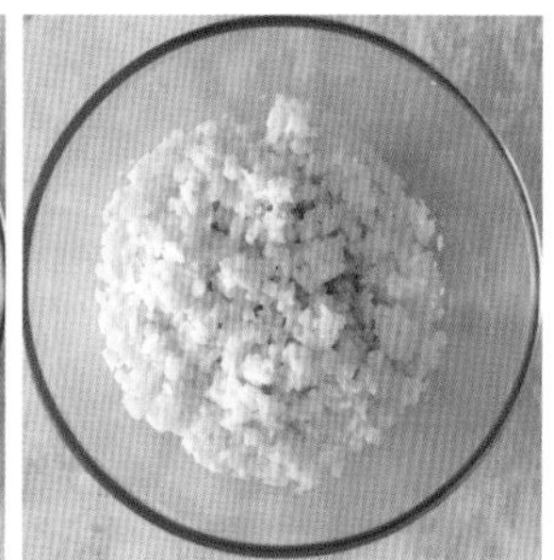

- 시판 냉동 콜리플라워 라이스를 구입하면 간편하게 사용할 수 있어 좋아요. 냉동 콜리플라워 라이스를 볶을 때는 해동하지 않고 냉동 상태 그대로 넣고 볶으면 되는데, 오랜 시간 볶지 않도록 주의합니다.
- 밥에 넣는 기름은 기호에 맞게 들기름이나 아보카도오일 등으로 대체해도 괜찮아요. 또 약간의 후추를 추가해도 됩니다.

4 : 아보카도 밥

+ 저탄 밥

- [ ] 아보카도 60g
- [ ] 밥 60g

+ 밥 양념

- [ ] 올리브오일 1작은술(생략 가능)
- [ ] 소금 0.5g

Guide
① 김밥 1줄 기준 밥을 넣지 않을 때 : 아보카도 60g, 볶은 콜리플라워 50g
② 김밥 1줄 기준 밥을 섞을 때 : 아보카도 60g, 밥 60g

RECIPE

1 아보카도는 실온에서 껍질이 어두운 갈색을 띠도록 부드럽게 후숙시킨다.

2 부드럽게 잘 익은 아보카도는 반으로 가른 다음 씨를 제거하고, 과육만 숟가락으로 떠낸다.

3 볼에 아보카도 과육을 넣고 곱게 으깬 다음 밥, 올리브오일, 소금을 넣고 잘 섞는다.

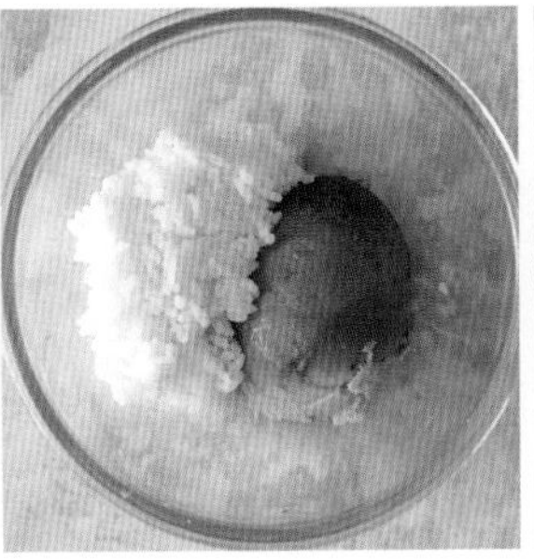

- 아보카도는 후숙이 잘 된 상태로 사용하면 특유의 고소한 맛과 부드러운 식감을 제대로 누릴 수 있어 더 좋아요.
- 밥에 넣는 기름은 기호에 맞게 아보카도오일 등으로 대체해도 됩니다.
- 다진 파슬리 또는 파슬리가루, 바질가루 등을 조금 추가해도 됩니다.

양배추
무
오이
파프리카
양파

SECRET
RECIPE

상큼한 맛을 더하는 저당 채소 피클

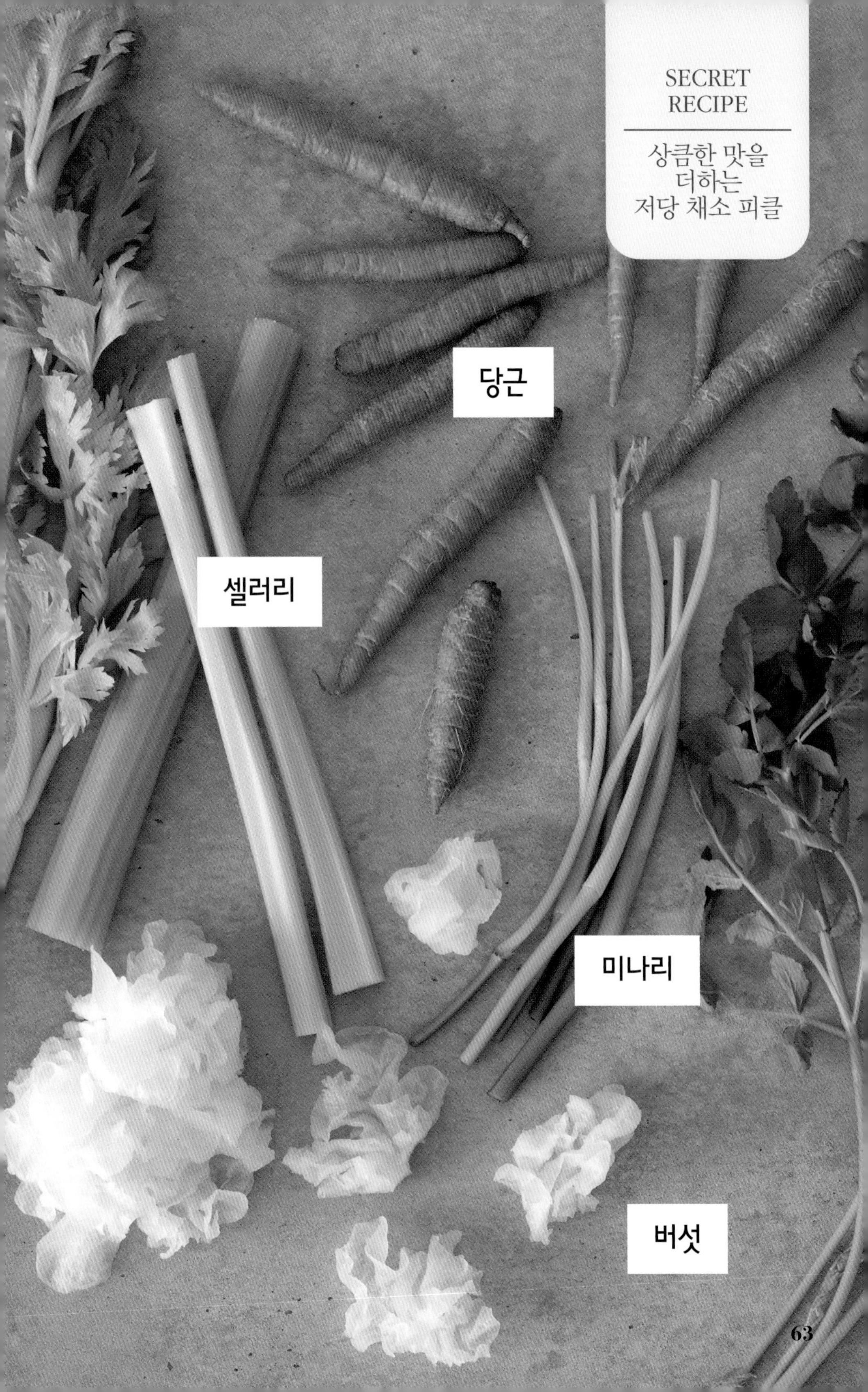

당근

셀러리

미나리

버섯

‘저탄 김밥’에는
상큼한 맛을 더하는 저당 ‘채소 피클’을

채소 피클 기본 레시피

1 준비한 채소를 깨끗하게 씻어 물기를 완전히 제거하고, 채소의 종류에 따라 알맞은 크기와 두께로 썬다.

2 피클을 담을 용기를 준비하는데, 물기 없이 바짝 건조한 상태로 준비한다.

3 끓이는 피클 양념의 경우 냄비에 분량의 피클 양념 재료를 모두 넣고 바글바글 끓이는데 끓으면 곧바로 불을 끄고 한 김 식힌다. 반면 끓이지 않는 양념의 경우 준비한 재료를 소금과 비정제 원당이 녹을 때까지 잘 섞으면 된다.

4 준비한 보관 용기에 손질한 채소를 차곡차곡 담고 만든 피클 양념 국물을 부은 다음 레몬 조각을 올리고 뚜껑을 덮는다. 완성한 채소 피클은 냉장 보관한다.

김밥에는 새콤하고 아삭한 단무지를 넣어야 제맛이 나지만 혈당을 생각한다면 김밥에 넣는 것을 잠시 주저하게 됩니다. 그렇게 단무지를 대체할 재료가 있다면 더할 나위 없이 좋을 텐데요. 혈당도 잡고 맛과 식감도 좋은 '채소 피클'은 이런 경우 충분히 좋은 대안이 될 수 있어요. 혈당에 좋은 '식초'와 '채소'가 있으면 단무지를 대체할 채소 피클을 만들 수 있습니다. 채소마다 가지고 있는 본연의 맛에 식초의 유익한 작용이 더해져 혈당과 맛, 둘 다 잡을 수 있어요. 문득 김밥이 생각날 때, 채소 피클 하나로도 충분히 맛있는 김밥 한 줄을 뚝딱 말 수 있으니 더 좋아요.

채소 피클의 보관 기한

양념을 끓여서 넣은 채소 피클의 경우 냉장고에 두면 최소 1개월, 최대 2개월까지 보관이 가능하다. 끓이지 않은 즉석 양념으로 채소 피클을 만들 경우에는 만든 직후 바로 먹는 것을 권장하며, 냉장 보관 시 최대 2~3일 이내에 소진하는 것이 좋다. 따라서 끓이지 않고 만든 즉석 피클은 소량씩 만들어 신선하게 먹는 것을 추천한다.

- 보관 시 외부 공기 차단을 잘해야 피클의 변질을 막고 먹을 때까지 신선하게 보관할 수 있다.
- 뚜껑이 있는 부분의 이음새가 밀봉이 잘 되는 것으로 준비한다.
- 보관 용기가 유리병이라면 열탕 소독 후 물기 없이 말끔한 상태로 준비한다.

| 식초와 혈당 스파이크 |

식사 시 소량의 식초를 함께 섭취하면 식후 혈당 조절에 도움을 주는 것으로 밝혀졌습니다. 특히 고당·고탄수화물 식사에 자연 발효식초인 '사과초모식초'를 추가하면 식후 느끼는 식탐을 줄이고 포만감을 높인다고 합니다. 그뿐만 아니라 식후 혈당 스파이크를 안정화하고 중성지방을 낮추는 효과가 있어 혈당과 체중 조절에까지 유익한 효과를 동시에 누릴 수 있으며, 식초를 첨가한 식사를 꾸준하게 유지하면 인슐린 작용이 긍정적으로 개선되어 혈당 관리에 도움을 얻을 수 있습니다.

| 비정제 원당과 비정제 설탕 |

대다수 사람은 비정제 원당과 비정제 설탕을 동일한 것으로 인식하지만 원재료가 분명 다릅니다. 우리나라 「식품 등의 표시·광고에 관한 법률」에 따라 사탕수수당, 원당, 설탕처럼 원재료 앞에 '비정제'라는 문구를 추가할 수 있습니다. 즉 원재료를 정제하지 않은 것이라면 원재료의 이름에 '비정제'를 추가해 '비정제 사탕수수당', '비정제 원당', '비정제 설탕'이라고 제품명으로 표시할 수 있습니다. 그러니 참고해서 제품을 구입하세요.

채소 피클 재료와 양념

- 수분이 많으면서 단맛이 있는 채소로 피클을 만들 경우 되도록 재료의 수분을 말끔히 제거한 다음 피클 국물을 부어야 신선하게 보관할 수 있다.
- 끓인 피클 양념 국물을 사용할 때 건더기를 넣어도 되지만 국물만 사용하면 좀 더 깔끔한 피클이 된다.
- 채소 피클 양념의 주요 재료인 월계수 잎과 통후추 대신 여러 가지 향신 재료가 혼합된 '피클링 스파이스'를 사용하면 편리하다. 또 피클의 맛과 향을 위해 기호에 따라 레드페퍼, 바질, 파슬리, 올리브, 겨자, 고수, 정향 등 다양한 건조 제품을 사용해도 좋다.
- 맛과 보존을 위한 식초 선택 시 신맛이 너무 강한 제품보다는 신맛과 단맛이 조화로운 자연 발효식초를 사용하면 실패 없이 맛있는 피클을 만들 수 있다.
- 설탕을 넣지 않아도 식초를 잘 활용하면 충분히 맛있는 피클을 만들 수 있다. 발효식초를 넣으면 재료 본연의 단맛을 끌어내 강력한 단맛은 없어도 맛있는 피클이 되며, 특히 '사과초모식초'의 경우 발효 과정에서 생성된 식초 자체의 단맛이 좋아 설탕을 넣지 않아도 맛있는 피클을 만들 수 있다.
- 달달한 피클의 맛을 원한다면 '비정제 원당'을 사용하는 것을 추천한다.

비정제 원당의 효용성

설탕과 액상과당 등의 유해성에 관한 인식이 세계적으로 확산하고 있다. 이러한 식품첨가물은 식후 혈당 스파이크와 고혈당 수치의 직접적인 원인으로 작용하기 때문이다. 그럼에도 음식에 따라 단맛이 꼭 필요하다면 '비정제 원당(설탕의 원료)'의 사용을 추천한다. 비정제 원당은 당분을 추출할 때 최소한의 과정만을 거치기 때문에 식이섬유, 미네랄, 폴리코사놀 등이 존재해 섭취 시 혈당 스파이크에 도움이 된다. 다만 비정제 원당도 과다 섭취하지 않도록 반드시 주의해야 한다.

1 : 흰목이버섯 피클

+ 재료

☐ 목이버섯(흰색) 200g

+ 양념

☐ 월계수 잎 1~2장
☐ 통후추 5g
☐ 생수 300㎖
☐ 식초 150㎖
☐ 소금 3g
☐ 비정제 원당 130g

RECIPE

1 ▷ 목이버섯 밑동의 지저분한 부분을 가볍게 잘라내고 큰 것은 먹기 좋게 자른다.

▷ 물에 살살 헹군 후 체에 밭쳐 물기를 뺀 다음 키친타월로 완전히 제거한다.

2 밀폐 보관 용기에 준비한 목이버섯을 담는다.

3 냄비에 분량의 피클 양념(월계수 잎 1~2장, 통후추 5g, 생수 300㎖, 식초 150㎖, 소금 3g, 비정제 원당 130g)을 넣고 바글바글 끓인 후 불을 끈다.

4 끓인 피클 양념을 한 김 식힌 다음 목이버섯에 붓고 완전히 식으면 밀봉해 냉장 보관한다.

- 비정제 원당 대신 '비정제 설탕'을 사용해도 됩니다. 다만 혈당 관리를 해야 한다면 비정제 원당보다는 조금 적은 양을 넣으세요.
- 채소 피클을 김밥에 넣을 때는 물기를 꼭 짠 다음 사용해야 김밥이 축축해지지 않아요.
- 구운 고기를 먹을 때 목이버섯 피클을 함께 먹으면 고기의 풍미를 더해줘 굉장히 잘 어울려요.
- 불고기 키토 김밥 등 고기를 넣은 '저탄 김밥'에 곁들여 먹기 좋아요.

SECRET
RECIPE

상큼한 맛
채소 피클
1 · 2 · 3

흰목이버섯 피클

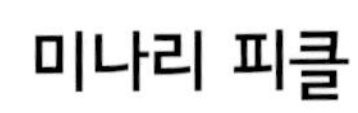

무채 피클

2 : 미나리 피클

+ 재료

☐ 미나리(줄기 부분) 200g

+ 양념

☐ 통후추 3g
☐ 생수 200㎖
☐ 식초 100㎖
☐ 소금 2g
☐ 비정제 원당 80g

RECIPE

1 ▷ 미나리의 줄기 부분만을 준비해 지저분하거나 수분이 마른 끝부분을 잘라낸다.

▷ 식초 1큰술을 넣은 물에 5분 정도 담가둔 다음 맑은 물에 깨끗이 헹군 후 물기를 완전히 제거한다.

▷ 손질한 미나리를 먹기 좋은 길이로 자른다.

2 밀폐 보관 용기에 준비한 미나리를 차곡차곡 담는다.

3 냄비에 분량의 피클 양념(통후추 3g, 생수 200㎖, 식초 100㎖, 소금 2g, 비정제 원당 80g)을 넣고 바글바글 끓인 후 불을 끈다.

4 끓인 피클 양념을 한 김 식힌 다음 미나리에 붓고 완전히 식으면 밀봉해 냉장 보관한다.

- 미나리는 본연의 향이 강하므로 피클 양념에 월계수 잎 등 향이 강한 향신 재료는 넣지 않는 것을 추천해요. 레드페퍼 등 매운맛을 내는 향신 재료는 추가해도 됩니다.

3 : 무채 피클

+ 재료

- [ ] 무(손질 후) 300g

+ 양념

- [ ] 월계수 잎 1~2장
- [ ] 통후추 5g
- [ ] 생수 300㎖
- [ ] 식초 150㎖
- [ ] 소금 3g
- [ ] 비정제 원당 130g

RECIPE

1 무 껍질을 벗겨낸 다음 깨끗이 씻어 물기를 말끔히 닦고, 도톰하게 채 썬다.

2 밀폐 보관 용기에 준비한 채 썬 무를 차곡차곡 담는다.

3 냄비에 분량의 피클 양념(월계수 잎 1~2장, 통후추 5g, 생수 300㎖, 식초 150㎖, 소금 3g, 비정제 원당 130g)을 넣고 바글바글 끓인 후 불을 끈다.

4 끓인 피클 양념을 한 김 식힌 다음 무에 붓고 완전히 식으면 밀봉해 냉장 보관한다.

- 무를 깍둑썰기해서 같은 양념으로 담그면 치킨 등 튀긴 음식에 곁들이기 좋은 무가 됩니다.
- 비트를 소량 넣으면 핑크빛이 감도는 예쁜 색감의 무 피클을 만들 수 있어요.

SECRET RECIPE

상큼한 맛 채소 피클 4·5·6

양파채 피클

셀러리 피클

오이채 피클

4 : 양파채 피클

+ 재료

- [ ] 양파(손질 후) 100g

+ 양념

- [ ] 레몬 1/3개
- [ ] 생수 2큰술
- [ ] 식초 1큰술
- [ ] 소금 1g
- [ ] 올리고당 1큰술

RECIPE

1 ▷ 양파는 껍질을 벗겨내고 흐르는 물에 깨끗이 씻은 다음 얇게 채 썬다.

▷ 찬물에 채 썬 양파를 5분 정도 담가 아린 맛을 제거하고 키친타월로 물기를 닦아낸다.

2 ▷ 볼에 피클 양념 재료(생수 2큰술, 식초 1큰술, 소금 1g, 올리고당 1큰술)와 레몬즙(1/3개 분량)을 넣고 잘 섞는다.

▷ 채 썬 양파채를 피클 양념에 넣고 버무린다.

3 준비한 용기에 버무린 양파를 들뜨지 않게 꼭꼭 담고 밀봉한 후 냉장 보관한다.

- 제시한 레시피대로 피클을 만들면 양념을 끓이지 않고도 10분 이내로 간단하게 채소 피클을 완성할 수 있어요.
- 양파 대신 오이로 만들어도 좋아요. 굵은소금으로 오이의 겉면을 꼼꼼하게 문질러 깨끗이 씻고, 씨가 있는 속 부분을 도려낸 다음 껍질째 채 썰면 됩니다.

5 : 셀러리 피클

+ 재료

- [ ] 셀러리 300g

+ 양념

- [ ] 통후추 5g
- [ ] 생수 300㎖
- [ ] 식초 150㎖
- [ ] 소금 2g
- [ ] 비정제 원당 130g

RECIPE

1 ▷ 셀러리의 잎 부분과 줄기 끝을 잘라내고, 질긴 부분은 필러로 껍질 부분만 얇게 한 겹 벗겨낸 다음 깨끗이 씻어 물기를 완전히 제거한다.

▷ 김밥에 넣기 좋은 길이로 자르거나 약간 도톰한 두께로 어슷하게 썬다.

2 밀폐 보관 용기에 준비한 셀러리를 차곡차곡 담는다.

3 냄비에 분량의 피클 양념(통후추 5g, 생수 300㎖, 식초 150㎖, 소금 2g, 비정제 원당 130g)을 넣고 바글바글 끓인 후 불을 끈다.

4 끓인 피클 양념을 한 김 식힌 다음 셀러리에 붓고 완전히 식으면 밀봉해 냉장 보관한다.

- 나트륨 함량이 비교적 높은 셀러리에는 다른 채소보다 소금의 양을 1g 정도 줄여서 피클을 만들어요.
- 아삭아삭한 식감과 상큼한 향이 좋은 셀러리 피클을 파스타, 스테이크에 곁들이면 굉장히 잘 어울려요.

6 : 오이채 피클

+ 재료

- [ ] 오이(손질 후) 100g

+ 양념

- [ ] 레몬 1/3개
- [ ] 생수 2큰술
- [ ] 식초 1큰술
- [ ] 소금 1g
- [ ] 올리고당 1큰술

RECIPE

1 ▷ 오이는 양 끝 꼭지를 잘라내고 껍질의 가시 같은 돌기도 잘라낸다.

▷ 굵은소금으로 겉껍질 부분을 문질러준다. 그런 다음 깨끗이 씻어 물기를 말끔히 닦는다.

▷ 손질한 오이는 채칼을 이용해 채를 썰거나 5㎝ 길이로 토막을 낸 다음 돌려 깎아 속만 남겨두고 채를 썬다.

2 ▷ 볼에 피클 양념 재료(생수 2큰술, 식초 1큰술, 소금 1g, 올리고당 1큰술)와 레몬즙(레몬 1/3개 분량)을 넣고 잘 섞는다.

▷ 채 썬 오이채를 피클 양념에 넣고 버무린다.

3 준비한 용기에 버무린 양파를 들뜨지 않게 꼭꼭 담고 밀봉한 후 냉장 보관한다.

- 오이의 양 끝은 쓴맛이 나므로 반드시 잘라냅니다.
- 오이를 좀 더 많은 양을 만들 때는 보관기간도 그만큼 길어지므로 먼저 잘 씻은 오이를 끓는 소금물에 굴리면서 데쳐서 사용합니다. 이렇게 하면 아삭함이 오래 유지되는데, 데친 오이를 건져내고 한 김 식힌 후 도톰하게 채를 썰면 됩니다.

7 : 양배추 피클

+ 재료

- ☐ 양배추 300g(통양배추 1/4 크기)

+ 양념

- ☐ 월계수 잎 1~2장
- ☐ 통후추 5g
- ☐ 생수 300㎖
- ☐ 식초 150㎖
- ☐ 소금 3g
- ☐ 비정제 원당 130g

RECIPE

1 ▷ 통양배추의 지저분한 겉잎은 떼어내고 4등분으로 잘라 한 덩이를 준비한다.

▷ 딱딱한 꼭지 부분을 잘라내고 흐르는 물에 한 잎씩 깨끗이 씻은 다음 식초 1큰술을 넣은 물에 5분 이내로 담가둔다.

▷ 양배추를 깨끗한 물로 헹군 다음 탈수기나 키친타월 등을 이용해 물기를 완전히 제거한다.

▷ 준비한 양배추를 0.5~1㎝ 폭으로 약간 도톰하게 채를 썬다.

2 밀폐 보관 용기에 채 썬 양배추를 차곡차곡 담는다.

3 냄비에 분량의 피클 양념(월계수 잎 1~2장, 통후추 5g, 생수 300㎖, 식초 150㎖, 소금 3g, 비정제 원당 130g)을 넣고 바글바글 끓인 후 불을 끈다.

4 끓인 피클 양념을 한 김 식힌 다음 양배추에 붓고, 양배추 피클이 완전히 식으면 밀봉한 다음 냉장 보관한다.

- 수분이 많은 양배추는 적당히 굵게 썰어야 시간이 지날수록 먹기 좋게 아삭한 식감이 납니다. 이와 달리 곱게 썰면 피클로 만들었을 때 시간이 지나면서 수분이 빠져 실처럼 가늘게 됩니다.
- 보라색 양배추를 소량 섞어서 만들면 보기 좋을 정도로 예쁜 자주 빛깔의 양배추 피클을 만들 수 있어요. 오이나 비트를 함께 넣고 만들어도 잘 어울립니다.

SECRET
RECIPE

상큼한 맛
채소 피클
7·8·9

양배추 피클

미니 당근 피클

파프리카 피클

8 : 미니 당근 피클

+ 재료

☐ 미니 당근 300g

+ 양념

☐ 통후추 5g
☐ 생수 300㎖
☐ 식초 150㎖
☐ 소금 3g
☐ 비정제 원당 130g

RECIPE

1 ▷ 미니 당근의 양 끝을 조금씩 잘라내고 겉면이 지저분하다면 껍질을 한 겹 얇게 벗겨낸다.
▷ 손질한 당근을 깨끗하게 씻은 후 물기를 완전히 닦는다.

2 밀폐 보관 용기에 준비한 당근을 차곡차곡 담는다.

3 냄비에 분량의 피클 양념(통후추 5g, 생수 300㎖, 식초 150㎖, 비정제 원당 130g, 소금 3g)을 넣고 바글바글 끓인 후 불을 끈다.

4 끓인 피클 양념을 한 김 식힌 다음 당근에 붓고 완전히 식으면 밀봉해 냉장 보관한다.

- 미니 당근 대신 일반 당근을 먹기 좋게 막대 모양으로 잘라 담가도 됩니다.
- 당근을 채 썰어 소금 3g, 식초 2큰술, 올리브오일 2큰술, 레몬즙 1큰술, 올리고당 1큰술을 넣고 버무리면 피클 국물을 끓이지 않고도 간편하게 만들 수 있어요. 또 씨겨자소스 1큰술을 더 추가하면 당근 라페로 응용할 수도 있어요.

9 : 파프리카 피클

+ 재료

- [ ] 파프리카(손질 후) 300g

+ 양념

- [ ] 통후추 5g
- [ ] 생수 300㎖
- [ ] 식초 150㎖
- [ ] 소금 3g
- [ ] 비정제 원당 130g

RECIPE

1 ▷ 먼저 파프리카의 꼭지를 뗀 다음 겉면을 깨끗이 씻은 후 반을 갈라 씨와 심지를 제거한다.

▷ 흐르는 물에 헹궈 물기를 닦은 다음 1㎝ 굵기로 채 썬다. 이때 파프리카를 썰면 수분이 나오는데 키친타월로 물기를 말끔히 닦는다.

2 준비한 보관 용기에 알맞게 자른 파프리카를 담는다.

3 냄비에 분량의 피클 양념(통후추 5g, 생수 300㎖, 식초 150㎖, 소금 3g, 비정제 원당 130g)을 넣고 바글바글 끓인다.

4 끓인 피클 양념을 한 김 식힌 다음 파프리카에 붓고 완전히 식으면 밀봉해 냉장 보관한다.

- 파프리카 피클에 레몬을 추가하면 더 상큼하게 즐길 수 있어 좋아요.
  준비한 파프리카를 보관 용기에 담을 때 레몬 1~2조각을 넣고 피클 양념 국물을 부으면 됩니다.

'저탄 김밥'에는 좋은 지방을 섭취하는 '키토소스'를

혈당 수치의 과도한 등락이 너무 오랫동안 지속되면 몸은 피곤하고 배고픔을 쉽게 느낍니다. 이렇게 되면 체중 관리가 쉽지 않아집니다. 따라서 혈당에 문제가 있는 사람에게 고당·고탄수화물의 식품 섭취는 제한되어야만 합니다. 하지만 탄수화물 식품에 대한 갈망을 떨치기가 쉽지는 않지요. 그럴 때는 2가지 주요 식품군인 지방과 단백질을 잘 이용해서 섭취하면 탄수화물이 혈당에 미치는 영향을 줄여 결국에는 혈당 스파이크를 관리할 수 있게 됩니다.

좋은 지방을 잘 섭취하는 방법은 꾸준히 먹을 수 있는 음식입니다. 샐러드 식사를 할 때 품질 좋은 올리브오일을 뿌려 먹는 방법은 아주 간편하고 쉬운 방법입니다. 하지만 채소와 궁합이 좋은 소스 몇 가지를 알아두면 두루두루 활용하기 더 좋겠지요. 여기 소개하는 키토소스 3가지는 '저탄 김밥'을 더 맛있게 즐길 수도 있고, 채소를 쌈장처럼 찍어 먹기 좋아요. 농도를 약간 더 묽게 조절하면 샐러드 드레싱으로도 활용할 수 있습니다. 이 외에도 좋은 지방 식품을 꾸준히 잘만 섭취하면 혈당에 아주 유익한 작용을 한다는 사실을 잊지 말아요.

▶ 키토소스 3가지 외에도 저탄 김밥과 잘 어울리는 다양한 소스는 레시피별로 소개했으니 참고하세요.

SECRET RECIPE

좋은 지방을 섭취하는 키토소스

지방은 한 끼 먹는 전체 음식의 양 중 20% 이하로 섭취하면 가장 이상적입니다.
다만 섭취하는 전체 지방 중 오메가3와 오메가6를 포함한
불포화지방과 포화지방의 비율은 4 : 1이 적당합니다.

키토 마요네즈

▼

아보카도 칠리

▼

갈릭 레몬 크림

▼

★ 1회 1인분 섭취량 : 2큰술

SECRET RECIPE

좋은 지방의 키토소스 1

1 : 키토 마요네즈

건강한 오일로 만드는 고소한 맛의 '키토 마요네즈'는 두루두루 사용하기 좋은 기본 키토소스입니다. '저탄 김밥'에 넣을 재료를 버무릴 때 사용하거나 김밥을 찍어 먹으면 됩니다. 또 샌드위치를 비롯해 기존에 마요네즈를 사용하는 다양한 음식에 대신 활용하면 됩니다.

+ 재료

- ☐ 달걀 2~3개(크기에 따라)

+ 양념

- ☐ 엑스트라 버진 올리브오일 250~350㎖ (원하는 농도 맞추면서 조절)
- ☐ 사과초모식초(또는 레몬즙) 2~3큰술
- ☐ 소금 1/2~1작은술(취향껏)
- ☐ 후추 톡톡톡

RECIPE

1 먼저 핸드블렌더 용기에 달걀을 깨뜨려 넣고 블렌더를 바닥에 밀착시켜 돌린다.
※ 달걀의 노른자는 올리브오일과 사과초모식초를 잘 섞이도록 중화시키는 역할을 하는데, 달걀의 흰자를 사용해도 되지만 고소한 맛을 위해 노른자만 사용해도 좋다.

2 올리브오일과 사과초모식초, 소금, 후추를 넣고 블렌더를 바닥에 밀착시킨 후 돌리면서 부드럽게 마요네즈를 만든다.
※ 소금과 후추는 취향껏 양을 조절하면 된다. 올리브오일의 양을 늘리면 마요네즈가 좀 더 되직하게 되고, 식초나 레몬즙의 양을 늘리면 묽은 농도의 마요네즈가 된다. 따라서 소금, 후추, 올리브오일, 사과초모식초의 양은 기호에 맞게 조절하면 된다.

3 만든 키토 마요네즈는 보관 용기에 담아 냉장 보관한다.
※ 이때 키토 마요네즈는 되도록 빨리 소모하는 게 좋은데, 유화 특성을 잃어 변질되면 장기 보관이 어렵기 때문이다. 또 냉장 보관 시 엑스트라 버진 올리브오일의 특성상 굳을 수도 있다.

- 올리브오일은 퓨어 등급을 사용하면 좀 더 고소하고 부드러운 마요네즈가 되지만, 건강한 지방 섭취를 위해 엑스트라 버진 등급을 추천해요. 또 사용하는 올리브오일의 맛에 따라 마요네즈의 맛도 조금씩 다를 수 있어요.
- 사과초모식초 대신에 레몬즙을 넣을 경우 약간의 쓴맛이 날 수 있어요. 이럴 때는 단맛을 조금 첨가하거나 머스터드소스를 섞으면 씁쓸한 맛을 줄일 수 있고 좀 더 맛이 좋아집니다.

2 : 아보카도 칠리

부드럽게 잘 익은 아보카도에 청양고추와 스리라차소스를 넣고 만든 매운맛 소스입니다. 아스파라거스, 파프리카, 콜리플라워 등의 채소를 찍어 먹어도 좋지만 '저탄 김밥'을 찍어 먹으면 더욱 강렬한 맛을 즐길 수 있어요.

+ 재료

- ☐ 잘 익은 아보카도 1개

+ 양념

- ☐ 아보카도오일 1큰술
- ☐ 청양고추 2개(기호에 따라 양 조절)
- ☐ 스리라차소스 2큰술(기호에 맞게 양 조절, 원하는 칠리소스로 대체 가능)
- ☐ 다진 양파 2큰술
- ☐ 무지방 무가당 플레인 요거트 1/2컵
- ☐ 라임주스 1큰술
- ☐ 소금 1/4작은술
- ☐ 후추 톡톡톡

RECIPE

1 먼저 잘 익은 아보카도를 반으로 잘라 씨를 제거한 후 과육만 수저로 떠서 믹서에 담는다.

2 청양고추는 길이로 반을 갈라 씨를 제거하고 듬성듬성 잘라 믹서에 담는다.

3 아보카도와 고추를 담은 믹서에 아보카도오일, 스리라차소스, 다진 양파, 플레인 요거트, 라임주스, 소금과 후추를 넣고 부드럽게 간다.

4 종지나 소스용 그릇에 2큰술을 담고 저탄 김밥을 찍어 먹는다. 남은 소스는 밀폐된 보관 용기에 담아 최대 2일 동안만 냉장 보관한다.

- 조금 더 상큼하게 즐기고 싶다면 토마토를 잘게 잘라 넣으면 되고, 청양고추 대신 할라피뇨 피클을 사용해도 됩니다.

SECRET
RECIPE
좋은 지방의
키토소스
2

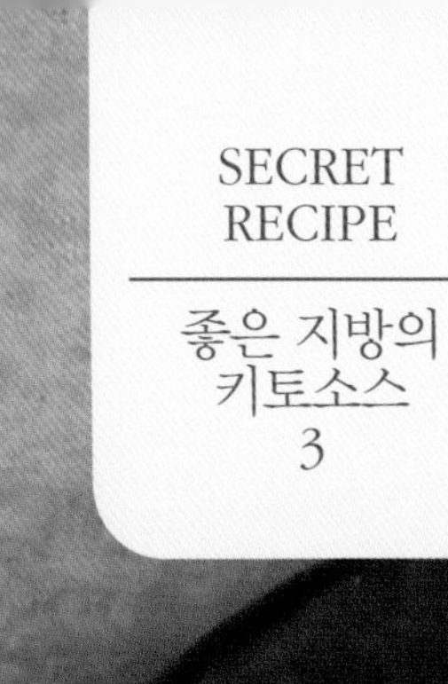
SECRET
RECIPE

좋은 지방의
키토소스
3

3 : 갈릭 레몬 크림

'갈릭 레몬 크림' 소스는 구운 마늘에 상큼한 레몬즙과 머스터드를 넣어 '저탄 김밥'의 풍미를 살리고, 향이 좋은 이색적인 맛의 소스입니다. 때로는 오이, 당근, 셀러리 등의 채소를 찍어 먹거나 연어, 참치, 소고기 등 단백질 재료를 넣은 김밥의 소스로 활용하기 좋고, 무엇보다 김밥의 맛을 돋웁니다.

+ 재료

- ☐ 통통한 마늘 10알
- ☐ 생수 1작은술

+ 양념

- ☐ 엑스트라 버진 올리브오일 1/4컵
- ☐ 갈은 레몬 제스트 1작은술(생략 가능)
- ☐ 레몬즙 2큰술
- ☐ 양파가루 1/2작은술
- ☐ 무가당 플레인 요거트(또는 생크림) 1/2컵
- ☐ 머스터드소스 2.5작은술
- ☐ 소금 1/4작은술

RECIPE

1 마늘을 씻은 후 2~3번 저민다. 뚜껑이 있는 그릇에 준비한 마늘과 생수 1작은술을 담고 뚜껑을 덮은 후 전자레인지에서 강약에 따라 30초~1분간 익힌다. 이때 마늘은 완전히 무르게 익지 않아도 된다.

2 믹서에 익힌 마늘과 올리브오일, 레몬 제스트와 레몬즙, 양파가루, 플레인 요거트, 머스터드소스, 소금을 넣고 부드럽게 간다.

3 종지나 소스 그릇에 2큰술 정도 담고 저탄 김밥을 찍어 먹는다. 남은 소스는 밀폐된 보관 용기에 담아 최대 일주일 동안만 냉장 보관하고, 먹을 때는 잘 저은 후 그릇에 담는다.

- 만일 마늘의 매운맛을 싫어한다면 완전히 익혀서 사용하면 됩니다. 마늘이 매울수록 익히면 단맛이 좋아집니다.
- 양파가루 대신 생양파를 1/4개 정도 사용하면 좀 더 신선한 맛을 즐길 수 있어요. 생양파를 다른 재료와 함께 갈아도 되지만, 잘게 잘라 찬물에 담가 아린 맛을 제거한 다음 마지막 과정에 넣고 섞으면 씹는 식감이 좋은 소스가 됩니다.

저탄 김밥 말기와 썰기

1 평평한 도마, 김발, 김밥 재료, 완성한 김밥을 담을 그릇, 녹말물(김 접착용, 만드는 법 53p)을 준비한다. 먼저 김밥의 재료를 한눈에 볼 수 있도록 넓고 평평한 그릇에 가지런히 담아 김밥을 말 도마 앞에 놓는다. 그런 다음 완성한 김밥을 담을 그릇과 녹말물(조리용 붓과 함께)은 도마 근처 좌우 편한 곳에 둔다. 준비가 완료되면 이제 김밥을 말자. 도마 위에 김발을 두고 김(거친 면이 위로)을 올린다.

5 재료가 없는 부분에 준비한 녹말물을 바른 다음 만다. 밥을 넣는 김밥에는 녹말물 대신 밥알을 손으로 으깨면서 발라도 된다.

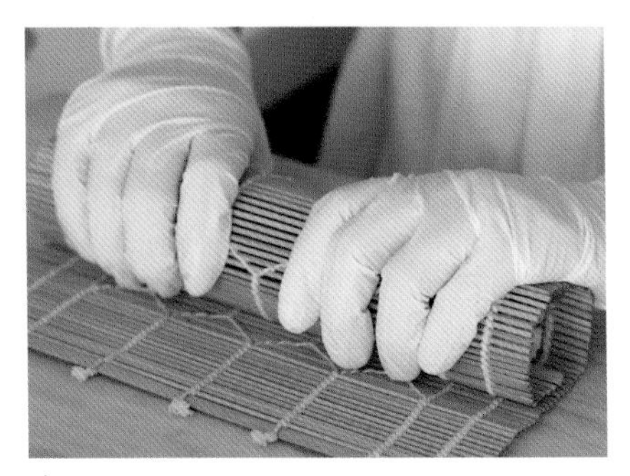

6 김발로 다시 한 번 꼭꼭 누르면서 돌돌 만다. 이때 너무 심하게 힘을 주면 오히려 재료가 옆으로 빠질 수 있으니 유의한다. 터진 부분에는 김을 조금 잘라 녹말물을 바르고 붙인(터진 부분에) 후 김발로 만다.

2 김 위에 밥 대신 넣을 재료, 저탄 밥, 잡곡밥 중 레시피에 따라 가지런히 펼쳐 올린다. 이때 접착할 부분은 남겨둔다.

3 김밥 속 재료를 하나씩 가지런히 놓는다. 이때 비슷한 색의 재료가 겹치지 않게 놓아야 완성한 김밥의 단면이 비교적 예쁘다.

4 김 아래에는 엄지, 재료 위에는 나머지 손가락이 가도록 김과 재료를 잡는다. 그런 다음 김으로 재료를 감싸면서 꾹꾹 눌러가며(속 재료가 있는 부분까지만) 돌돌 만다. 만일 속 재료가 옆으로 빠지면 살살 밀어 넣으면서 천천히 말고, 바짝 구운 김일 경우에는 찢어질 수 있으니 유의한다.

7 완성한 김밥은 접착 부분이 아래로 가도록 놓는다. 만든 김밥 겉면에 참기름, 들기름, 올리브오일 등 선택해서 기름을 발라도 된다.

8 완성한 김밥은 칼끝에 힘을 줘 도마를 긁으면서(도마에 찍듯이) 단번에 잘라야 김이 찢어지지 않는다. 만일 칼끝이 둥글다면 앞뒤로 왔다갔다 톱질 하듯이 자른다.

Guide 키토 김밥은 곡물을 배제한 김밥입니다. 따라서 고단백 식사가 되지 않도록 자신에게 적합한 양으로 조절해서 먹고, 콩·견과류·씨앗류 중 한 가지와 베리류 과일·토마토 등 항산화 성분의 과일을 약간 추가한 샐러드 한 접시와 함께 먹으면 더 좋습니다.

PART 1 Keto · Low carb Gimbap

좋은 지방으로 혈당 스파이크를 예방하라!

밥이 없는 키토 김밥

'지방(Fat)'은 인지질과 콜레스테롤처럼 세포막에서 발견되는 지질(Lipid)의 한 종류로 기름(Oil)과는 다르다. 그런데 대다수 사람은 '지방'을 콜레스테롤과 같다고 여겨 "콜레스테롤 때문에 지방 섭취를 꺼린다"라고 말한다. 사실 '콜레스테롤(Cholesterol)'이 주의 대상인 이유는 혈전의 주요 구성 성분이기 때문이다. 하지만 콜레스테롤은 우리의 생존을 위한 필수 요소일 뿐 아니라 항산화제 역할을 한다는 연구 결과도 있다. 이러한 콜레스테롤은 음식을 통해서 주로 흡수되는데, 동물성 지방 식품(달걀 노른자, 치즈, 소고기, 돼지고기, 생선, 새우 등)이 주 공급원이며 식물성 지방 식품에는 소량만 있을 뿐이다. 이를테면 씨앗류와 견과류에는 콜레스테롤 형태가 아닌 유사하지만 다른 지질이 포함되어 있다. 그렇다면 필수영양소라고 부르는 '지방'은 어떤 것이기에 '콜레스테롤'과 혼돈을 일으킬까?

식품영양학에서 지방을 '지질'과 동의어로 사용하는 것은 실온에서 물에 잘 녹지 않고 고체가 되는 성질 때문이다. 아마도 대다수 사람이 '지방은 몸에 나쁘다'거나 '콜레스테롤과 같다'는 편견을 갖게 된 것은 이 때문이 아닐까 한다. 그러므로 '지방'은 우리가 섭취하는 동물성·식물성 식품에 존재하는 영양소로 이해하면 되고, '콜레스테롤'은 인지질 등과 같은 지질 중 하나로 세포막을 만들거나 유지하며 세포간 신호 전달 및 신경 전도 등 두뇌와 신체에 꼭 필요한 세포 구성성분으로 이해하면 된다. 중요한 논점은 '지방'이 '혈당'과 아주 밀접한 관련이 있다는 것이다. 혈중 '콜레스테롤' 수치가 올라가면 '혈전' 가능성이 높아질 수는 있으나 단순히 지방 섭취가 콜레스테롤 수치를 높이지는 않으며, 오히려 탄수화물에 대한 갈망을 떨어뜨려 혈당 관리가 용이하다는 이점이 있다. 또 높은 콜레스테롤 수치는 저당·저탄수화물 식단으로 충분히 떨어뜨린다는 점이다. 이처럼 혈당과 관련된 지방 중심의 식이요법인 '키토제닉(Ketogenic)'이 정말 혈당 스파이크에 긍정적일 수 있을까?

원래 키토제닉은 '케톤 식이요법(Ketogenesis Dietotherapy)'이라 불렀고, 신체 에너지원으로 '당'을 대신해 '케톤'을 사용하는 원리에서 고안되었다. 한 끼 식단을 '지방 4 : 탄수화물과 단백질 1'의 비율인 전체 영양소에서 80% 이상을 지방 중심으로 섭취하는 '저탄고지'를 지향한다. 1920년 이후 미국에서는 수십 년 동안 뇌전증 환자를 위한 간질 치료식이 필요했는데, 그런 필요성으로 케톤 식이요법은 뇌전증 치료 목적에 맞게 개발되었다. 케톤 식이요법의 핵심은 탄수화물 섭취를 줄이고 지방 섭취량을 늘리는 것이다. 이러한 식단은 뇌전증이 '뇌의 에너지 부족으로 일어나는 발작'이라는 가설에서 비롯했다. 이 가설은 신체가 지방을 주 연료로 사용한다는 믿음에서 출발했다. 사실 뇌전증 환자는 탄수화물 식품의 소화 과정을 거친 '포도당'을 섭취할 수 없었다. 탄수화물 대사 과정에서 일어나는 '혈당 스파이크'가 뇌전증 발작을 더 악화시키기 때문이다. 그런 이유로 '포도당'이 아닌 지방에서 얻은 '케톤'을 두뇌 에너지원으로 사용하게 한 것이다. 그래야만 간질로 인한 경련을 최소화할 수 있기 때문이다. 현재도 간질 환자에게 케톤 식이요법을 권하는 이유는 부작용이 심하지 않고 어느 정도 효과가 나타나기 때문이다.

물론 일반인은 간질 환자와 다르지만 당뇨와 혈당 스파이크를 겪는 이들에게는 동일한 원리를 적용할 필요가 있다. 지방이 부족한 식사는 탄수화물 식품을 갈망하고 배고픔을 훨씬 더 빠르게 느끼게 한다. 또 인슐린 저항성을 높일 뿐만 아니라 오히려 체내 염증을 일으키는 원인이 된다는 연구 결과도 있다. 결국 혈전을 높이는 콜레스테롤 식품의 종류와 먹는 양은 주의가 필요하지만, 적당한 포화지방과 필수지방 중심의 식사, 필수지방과 유사한 인지질인 콩류에서 얻을 수 있는 '포스파티딜세린(Phosphatidyl Serine)', 달걀의 '포스파티딜콜린(Phosphatidyl Choline)' 등을 잘 활용하면 혈당 스파이크를 관리하는 좋은 지방의 식단이 될 수 있다.

Choice 1
고소한 맛 키토 김밥

'키토 김밥'은 좋은 지방이 혈당 스파이크에 도움 된다는 관점에서 출발한 레시피입니다. 오메가3 등의 필수지방과 인지질(포스파티딜세린과 포스파티딜콜린 등), 포화지방 식품을 적절하게 섭취할 수 있는 김밥입니다. 이처럼 '키토 김밥'은 콩·두부·유부, 달걀, 생선 등에서 얻은 좋은 지방과 신선한 채소의 식이섬유, 양질의 단백질을 동시에 섭취할 수 있어 좋아요. 밥 대신 어떤 재료를 어떻게 대체하면 좋을지 먼저 고소한 맛부터 식단에 활용해 보세요.

Keto 1 : 달걀 폭탄 김밥

'달걀 폭탄 김밥'은 밥 대신 달걀지단을 곱게 채 썰어 듬뿍 넣었어요. 영양 면에서 완전식품으로 불리는 달걀을 가장 맛있게 즐길 수 있는 '저탄 김밥'이기도 합니다. 당근, 우엉, 시금치 등 가장 기본이 되는 재료를 넣어 밥을 넣지 않아도 기본 김밥의 맛을 가장 잘 살린 호불호 없는 맛입니다.

- [ ] 김 1장

+ 밥 대신

- [ ] 달걀 3개
  (소금 1.5g, 아보카도오일 1작은술)

+ 김밥 재료

- [ ] 우엉조림 40g
- [ ] 당근 100g
  (소금 1g, 아보카도오일 1작은술)
- [ ] 시금치 100g
  (소금 0.5g, 아보카도오일 1작은술)
- [ ] 단무지(채소 피클로 대체 가능) 1줄

김밥 재료 준비하기

1 ▷ 시금치는 뿌리 부분을 잘라내고 깨끗이 씻은 후 물기를 제거한다.
▷ 당근은 껍질을 벗겨내고 씻은 후 채 썰어 소금 1g을 넣고 버무린다.
▷ 우엉은 껍질을 벗겨내고 씻은 후 채 썰어 식초 물에 5분 정도 담가둔 후 헹군다.

2 ▷ 채 썬 우엉과 분량의 양념(물 200㎖, 다시마 2조각, 간장 3큰술, 아보카도오일 1큰술, 올리고당 1큰술)을 넣고 우엉을 조린다.
▷ 예열한 팬에 아보카도오일 1작은술을 두른 후 채 썬 당근을 넣고 약간 아삭할 정도로 살짝만 볶는다.

▷ 예열한 팬에 물기를 제거한 시금치와 소금 0.5g, 아보카도오일 1작은술을 넣고 강불에서 빠르게 볶는다. 이때 시금치의 숨이 죽을 정도로만 살짝 볶으면 된다.

3 ▷ 볼에 달걀을 깨뜨려 넣고 소금 1.5g을 첨가해 곱게 푼다.

▷ 예열한 팬에 아보카도오일 1작은술을 두르고, 키친타월로 가볍게 기름을 펴 바른 후 달걀물을 붓는다. 약불에서 1분 정도 익힌 후 뒤집어 30초 정도 더 익힌다.

▷ 완성한 달걀지단은 한 김 식힌 후 돌돌 말아 채를 썬다.

김밥 말기

---

1 김 위에 달걀지단 채를 김의 3/4 지점까지 펼쳐놓는다.

2 달걀지단 위에 볶은 당근 채와 단무지, 시금치, 우엉조림을 차례로 올린 후 단단하게 돌돌 만다.

1

2

- 우엉은 식초 물에 담가 두거나 데친 후 조리면 특유의 아린맛을 제거할 수 있어요. 또 조리기 전 먼저 기름에 아삭하게 볶은 후 양념장을 넣고 조려도 됩니다.
- 우엉조림과 단무지 대신 '우엉 피클'을 넣어도 좋아요. '우엉 피클'은 '간장 1 : 설탕 1 : 식초 1 : 물 1'의 비율로 냄비에 넣고 끓인 후 준비한 우엉에 붓기만 하면 됩니다. 냉장고에 두고 시원하게 보관한 우엉 피클은 곁들임 반찬으로도 활용하기 좋아요.
- 시금치는 끓는 물에 데친 후 소금, 참기름, 참깨로 무쳐서 사용하는 게 일반적이지만, 김밥 한 줄의 양만 필요할 때는 팬에 가볍게 볶아 사용하는 게 훨씬 간편합니다.

달걀지단

- ☐ 달걀 3개
- ☐ 아보카도오일 1작은술
- ☐ 소금 1.5g

1 볼에 달걀과 소금 1.5g을 넣고 곱게 푼다.

2 예열한 팬에 기름을 두르고 달걀물을 골고루 퍼지도록 펼쳐 담아 약불에서 지단을 부친다.

우엉조림

- ☐ 우엉(손질 후) 300g
- ☐ 물 200㎖
- ☐ 다시마 5㎝길이 2조각
- ☐ 아보카도오일 1큰술
- ☐ 간장 3큰술
- ☐ 올리고당 1큰술

1 우엉은 씻은 후 필러로 껍질을 벗긴다.

2 0.5㎝ 두께로 어슷하게 썬 다음 채를 썬다.

3 완성한 달걀지단은 한 김 식힌 후 돌돌 말아 채 썬다.

3 채 썬 우엉, 물, 분량의 양념을 넣고 팔팔 끓이다가 끓어오르면 중약불로 줄여 뚜껑을 덮고 20분 정도 우엉을 조린다. 국물이 자작해지면 골고루 섞으면서 마저 볶다가 불을 끈다.

달걀

김밥에 빼놓으면 무척이나 아쉬운 재료, 달걀은 양질의 단백질을 섭취할 수 있는 식재료입니다. 그런데 이렇게 좋은 달걀의 영양소를 온전히 잘 섭취하려면 보관 시 청결과 온도에 주의해야 할 부분이 있습니다.

먼저 더운 날씨에 냉장 보관을 하지 않은 식재료는 살모넬라균이 자라는 최적의 환경이 되는데, 살모넬라균은 주로 잘 익히지 않은 동물성 식품에서 발견됩니다. 특히 달걀에 의한 감염이 가장 많다고 알려져 있어요. 달걀 껍데기는 닭 분변에 오염되었을 가능성이 높아 구매할 때와 구매 후 보관할 때, 음식을 만들 때 각별히 유의해야 합니다. 달걀 껍데기에 잔존하는 오염 물질이 껍데기를 깨는 과정에서 달걀 액을 오염시킬 수 있으며, 달걀 껍데기를 만진 손을 씻지 않고 다른 음식을 조리할 경우에는 교차 오염될 수 있습니다. 그러니 달걀을 구매할 때는 표면이 되도록 오염이 덜한 깔끔한 것을 선택하고, 구매 후에는 곧바로 달걀을 세워서 보관할 수 있는 전용 용기에 옮겨 담아 냉장 보관하세요.

달걀 보관법

▶ 달걀 껍데기가 깨지지 않고 표면이 되도록 깔끔한 것으로 구매한다. 이미 달걀 껍데기에 금이 있는 것은 즉시 버린다.

▶ 구매 후에는 반드시 냉장 보관한다. 이때 뚜껑이 있는 달걀 전용 용기에 옮겨 담아 보관한다. 또 보관 용기는 정기적으로 자주 세척해 용기 자체의 청결을 유지한다. 달걀을 담을 때는 용기 내부에 물기가 없이 바짝 건조한 상태에서 옮겨 담아 보관한다.

▶ 달걀 껍데기를 만진 후에는 손을 씻는 것이 가장 안전하다. 또 껍데기를 깬 달걀은 빠른 시간 안에 가열하고 충분히 익힌다. 달걀을 만진 후 손과 칼, 도마, 행주 등에 의한 교차 오염이 발생할 수 있으므로 더운 여름에는 각별히 주의해야 한다.

▶ 달걀로 조리한 음식은 1시간 이상 상온에 두지 않도록 한다. 특히 칼로 썬 달걀지단 채는 만든 즉시 모두 사용하는 것이 좋다. 만일 남았다면 공기 접촉을 차단하는 밀폐 용기에 담아 반드시 냉장 보관해야 한다. 특히 실내 온도가 높거나 더운 여름에는 각별히 주의한다.

▶ 달걀을 조리할 때는 흰자와 노른자 모두 단단해질 때까지 익혀 먹는 것이 가장 안전하고, 먹을 양만큼 그때그때 만들어 모두 섭취하는 것이 가장 좋다.

달걀은 좋은 지방을 섭취할 수 있는 훌륭한 식재료입니다.
더 이상 콜레스테롤에 대한 잘못된 두려움 때문에
달걀의 섭취를 주저하지 않아도 됩니다.
하루 2개 정도는 충분히 괜찮으니까요.

Keto 2 : 양배추 불고기 김밥

'양배추 불고기 김밥'은 마치 불고기 쌈밥을 그대로 김밥 한 줄에 담은 듯해요. 밥 대신 곱게 채 썬 양배추를 깔고 그 위에 아삭하고 신선한 쌈 채소, 쫄깃한 식감의 유부 불고기를 올렸어요.특히 키토 마요네즈에 쌈장을 섞은 키토소스를 더하니 고소하면서 풍부한 맛의 키토 김밥이 되었어요.

- ☐ 김 1장

+ 밥 대신

- ☐ 양배추 채 70g
  (소금 1.5g, 아보카도오일 1작은술)

+ 김밥 재료

- ☐ 소고기(불고기용) 50g
- ☐ 유부 20g
- ☐ 달걀 1개
  (소금 0.5g, 아보카도오일 1작은술)
- ☐ 청상추 2장
- ☐ 청겨자 2장
- ☐ 슬라이스 치즈 2장

+ 소고기와 유부 조림 양념

- ☐ 다진 마늘 1작은술
- ☐ 간장 1작은술
- ☐ 물 1작은술
- ☐ 참기름 1작은술
- ☐ 꿀 1작은술(생략 가능)
- ☐ 후추 톡톡톡

+ 키토소스

- ☐ 키토 마요네즈 2큰술
- ☐ 쌈장 1작은술

김밥 재료와 소스 준비하기

1 ▷ 소고기는 키친타월로 감싸 핏물을 닦는다.
▷ 유부는 1㎝ 폭으로 잘라 끓는 물에 1분간 데친 후 찬물에 헹궈 물기를 꼭 짠다.
▷ 준비한 소고기와 유부에 분량의 불고기 양념을 넣고 버무린 후 5분간 재운다. 불고기 양념은 미리 만들어 냉장고에서 숙성시킨 후 사용하면 맛이 좋아진다.
▷ 예열한 팬에 양념에 재운 소고기와 유부를 넣고 중불에서 물기 없이 바싹 볶는다.

2 키토 마요네즈(만드는 법 85p)와 쌈장을 잘 섞어 김밥에 넣을 키토소스를 만든다.

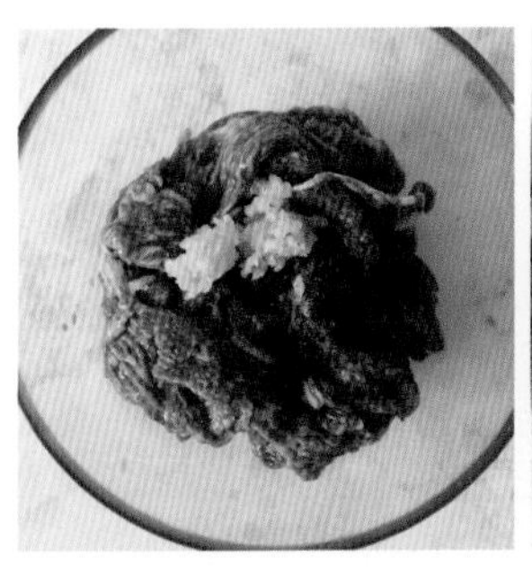

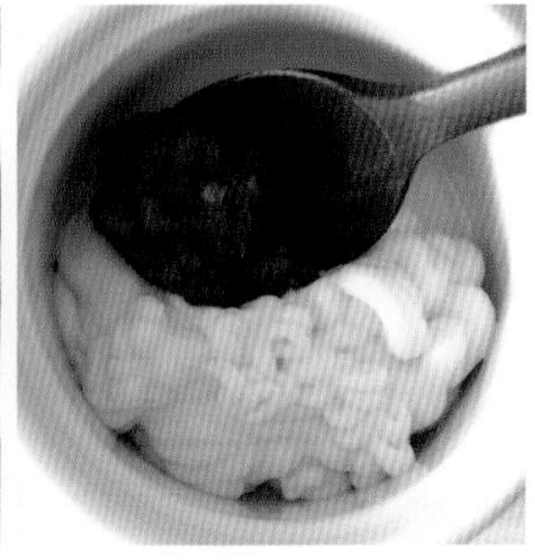

3 ▷ 볼에 달걀과 소금 0.5g을 넣고 푼다. 예열한 팬에 아보카도오일 1작은술을 두르고, 키친타월로 가볍게 기름을 펴 바른다.

▷ 달걀물을 골고루 퍼지도록 펼쳐 담아 약불에서 익히는데, 70% 정도 익으면(보이는 윗면이 약간 덜 익은 정도) 뒤집개를 이용해 돌돌 말면서 막대 모양으로 부친다. 이때 모양이 생각대로 되지 않는다면 뜨거울 때 김발에 올려 모양을 잡아도 된다.

4 ▷ 양배추는 곱게 채 썰어 찬물에 3분간 담가둔다. 찬물로 헹군 후 체에 담아 물기를 빼거나 채소 탈수기를 이용해 물기를 제거한다.

▷ 청상추와 청겨자는 흐르는 물에 깨끗이 씻어 물기를 털어낸다.

김밥 말기

---

1 김 위에 슬라이스 치즈 2장을 나란히 깐다.

2 양배추 채를 김의 3/4 지점까지 펼쳐놓는다.

3 양배추 채 위에 청상추와 청겨자를 나란히 올린다.

4 키토 마요네즈와 쌈장을 섞은 키토소스를 청겨자 위에 가지런히 얹는다

5 키토소스 위에 볶은 유부와 불고기를 차곡차곡 올린다.

6 마지막으로 부친 달걀을 얹은 후 김으로 재료를 감싸면서 단단하게 돌돌 만다.

- 채소는 씻은 후 물기를 완전히 제거해야 김이 풀어지지 않고 김밥 말기 좋아요.
- 달걀은 김밥 크기 정도의 사각 팬에 부치면 모양 잡기가 쉬워요. 또 타지 않도록 약불에서 부칩니다.
- 키토소스에 넣을 키토 마요네즈는 좋은 지방 섭취를 위해 아보카도오일이나 올리브오일로 만든 제품을 추천해요.
- 유부는 양념이 된 초밥용 유부 대신 기름에 튀긴 생유부를 준비하고, 끓는 물에 살짝 데친 후 사용하면 담백한 유부의 맛을 느낄 수 있어요. 남은 유부는 냉동 보관하고, 필요할 때마다 끓는 물에 데쳐서 기름기를 제거한 후 다양한 음식에 사용하세요.

1
2
3
4
5
6

Keto 3 : 올리브 스테이크 김밥

밥 대신 잘게 다진 콜리플라워와 체더치즈를 함께 볶아 넣고 깔끔하게 소금과 후추만으로 양념한 부챗살 스테이크를 넣으면 영양 균형이 잘 잡힌 스테이크 김밥을 만들 수 있어요. 특히 씨겨자소스를 혼합한 키토소스와 다진 올리브를 더하니 스테이크 김밥을 좀 더 맛있게 먹을 수 있어 좋아요.

- ☐ 김 1장

+ 밥 대신
- ☐ 잘게 다진 콜리플라워 90g (또는 콜리플라워 라이스)
- ☐ 체더치즈 1장

+ 김밥 재료
- ☐ 스테이크용 소고기 100g(부챗살 1㎝ 두께)
- ☐ 달걀 1개(소금 0.5g, 아보카도오일 1작은술)
- ☐ 아스파라거스 3대(소금 1g, 무염 버터 10g)
- ☐ 올리브 3~5개(씨 없는 병조림 올리브 25g)

+ 스테이크 양념
- ☐ 소금 0.5g(밑간)
- ☐ 후추 톡톡톡(밑간)
- ☐ 아보카도오일 1작은술

+ 키토소스
- ☐ 올리브 3~5개(씨 없는 병조림 올리브 25g)
- ☐ 키토 마요네즈 2큰술
- ☐ 씨겨자소스 1작은술

김밥 재료와 소스 준비하기

1 ▷ 아스파라거스는 필러로 질긴 껍질 부분을 벗긴 다음 씻은 후 물기를 제거한다.
▷ 스테이크용 소고기는 밑간(소금 0.5g, 후추 약간)을 해 5분 정도 재운다.
▷ 예열한 팬에 아보카도오일 1작은술을 두르고 소고기를 올려 앞뒤로 1분씩 굽는다. 불을 끄고 구운 소고기는 쿠킹포일에 담아 육즙을 잡기 위해 쿠킹포일로 고기를 감싸 1~2분가량 그대로 둔다.
▷ 다시 불을 켜 팬에 손질한 아스파라거스를 넣고 소금 1g을 뿌린 후 굴리면서 익힌다. 아스파거스가 거의 익을 때쯤 포일로 감싸두었던 소고기와 버터를 넣고 버터가 녹으면 아스파라거스와 소고기에 녹은 버터 국물을 끼얹으면서 고소함을 입힌다.
▷ 구운 스테이크는 2㎝ 폭으로 자르고, 아스파라거스와 함께 접시에 담아 한 김 식힌다.

2 볼에 달걀, 소금 0.5g을 넣고 푼다. 예열한 팬에 아보카도오일 1작은술을 두른 후 달걀물을 골고루 펼쳐 담아 넓게 지단으로 부친 다음 접시에 담아 한 김 식힌다.

3 잘게 다진 콜리플라워는 예열한 팬에 식용유를 두르지 않고 물기를 날리면서 볶다가 불을 끈 후 체더치즈 1장을 넣고 잔열 상태에서 골고루 섞는다. 볶은 콜리플라워는 그릇에 담아 한 김 식힌다.

4 ▷ 올리브(올리브 50g)는 굵게 다진다. 다진 올리브의 절반은 김밥 속 재료로 사용하고, 나머지는 소스에 넣는다.

▷ 분량의 재료(다진 올리브, 키토 마요네즈 2큰술, 씨겨자소스 1작은술)를 넣고 키토소스를 만든다.

김밥 말기

1 김 위에 체더치즈를 넣고 볶은 콜리플라워 라이스를 김의 3/4 지점까지 펼쳐놓는데, 가장자리는 비워둔다.

2 부친 달걀지단을 가지런히 올린 후 아스파라거스와 스테이크를 지단 위 가운데에 놓는다.

3 스테이크와 아스파라거스 사이에 다진 올리브를 촘촘히 올린다. 키토소스를 스테이크 앞쪽에 얹고 김으로 재료를 감싸면서 단단하게 돌돌 만다.

- 올리브는 굵게 다져야 김밥을 말 때 모양이 흐트러지지 않아요. 올리브는 맛이 튀지 않고 다른 재료와 잘 어울립니다. 짠맛이 덜하다면 좀 더 넉넉하게 넣어도 됩니다.
- 다진 올리브 전부를 소스에 넣고 버무린 후 김밥 속에 넣어도 됩니다.
- 부챗살은 소의 앞다리 위쪽 부분으로 지방이 적고 육즙이 풍부해 구이나 스테이크 용도로 적당합니다. 꼭 부챗살이 아니더라도 지방이 적은 부위로 스테이크 저탄 김밥을 만들어보세요.

Keto 4 : 연근 닭가슴살 김밥

아삭한 식감이 매력적인 연근은 비타민 C와 철분이 풍부해 빈혈, 당뇨, 고혈압 등의 예방뿐 아니라 피로 회복에도 도움을 줄 수 있어요. 영양 만점 연근에 닭가슴살, 해바라기씨를 간장 양념에 조려 김밥 재료로 넣었어요. 또 밥 대신 포두부와 달걀 스크램블을 듬뿍 넣어 식감도 맛도 좋은 저탄 김밥을 완성합니다.

- ☐ 김 1장

+ 밥 대신
- ☐ 포두부 4장(40g)
- ☐ 달걀 2개(소금 0.5g, 아보카도오일 1작은술)

+ 김밥 재료
- ☐ 삶은 닭가슴살 60g
- ☐ 데친 연근 40g
- ☐ 해바라기씨 1큰술
- ☐ 깻잎 4장

+ 닭가슴살 삶는 재료와 양념
- ☐ 닭가슴살 1kg
- ☐ 물 1.5L
- ☐ 소금 1.5작은술
- ☐ 청주 1큰술
- ☐ 통후추 1작은술
- ☐ 월계수 잎 2~3장

+ 조림 양념
- ☐ 닭고기 삶은 물 100mℓ
- ☐ 다시마 1조각(4cm×5cm 크기)
- ☐ 간장 1.5큰술
- ☐ 올리고당 1작은술
- ☐ 아보카도오일 1작은술

+ 키토소스
- ☐ 키토 마요네즈 1.5큰술

김밥 재료 준비하기

1 ▷ 닭가슴살은 깨끗하게 씻는다. 냄비에 물 1.5리터(닭가슴살이 충분히 잠길 정도)를 붓고 끓인다. 물이 끓으면 먼저 소금을 넣고 저어서 녹인 후 닭가슴살, 청주, 통후추, 월계수 잎을 넣고 팔팔 끓인다.

▷ 물이 끓을 때 생긴 거품을 걷어내고 중불로 줄인 후 25분간 삶는다. 삶은 닭가슴살은 상온에서 뚜껑을 덮은 채로 충분히 식힌다. 이렇게 하면 수분이 증발하지 않아 촉촉하다.

▷ 닭가슴살 삶은 국물 100mℓ를 따로 조림 냄비에 담아놓는다. 식힌 닭가슴살은 먹기 좋게 결대로 찢고 남은 닭가슴살은 보관 용기에 담아 냉장 보관한다.

2 ▷ 연근은 필러로 껍질을 벗겨낸 다음 깨끗하게 씻고 0.5cm 두께로 납작하게 썬다.

▷ 냄비에 연근이 잠길 정도로 물을 붓고 끓인다. 물이 팔팔 끓으면 연근과 식초 1작은술을 넣고 2분간 데친 다음 찬물로 헹궈 듬성듬성 먹기 좋게 자른다.

3 ▷ 닭가슴살 삶은 물을 담은 냄비에 데친 연근, 다시마, 분량의 조림 양념(간장 1.5큰술, 올리고당 1작은술, 아보카도오일 1작은술)을 넣고 끓인다. 국물이 끓어오르면 중약불로 줄인다.

▷ 국물이 반 정도 줄 때까지 뭉근하게 조리다가 미리 삶아 찢어놓은 닭가슴살과 해바라기씨를 넣고 양념이 자작해질 때까지 더 조린다.

4 ▷ 볼에 달걀, 소금 0.5g을 넣고 푼다. 예열한 팬에 아보카도오일 1작은술을 두른 후 푼 달걀물을 붓고 중약불에서 요리용 젓가락을 이용해 원을 그리면서 스크램블을 만든다.

▷ 달걀이 90% 정도 익으면 불을 끄고 잔열로 마저 익힌 후 한 김 식힌다.

※ 완전히 익히는 것보다 스크램블을 이렇게 만들면 더 부드럽다.

5 깻잎은 깨끗이 씻은 후 물기를 털고, 포두부도 키친타월로 물기를 닦는다.

- 삶은 닭가슴살은 냉장고에서 최대 5일 정도 보관할 수 있으니 삶을 때 넉넉하게 준비해 두면 샐러드 등 다양한 음식에 사용하기 편합니다.
- 닭가슴살 연근조림은 레시피 양보다 2~3배 정도 넉넉히 만들면 다양하게 활용할 수 있어 좋아요. 김밥 속 재료로 사용하고 남은 닭가슴살 연근조림은 냉장 보관해 두었다가 볶음밥에 넣거나 밑반찬 등으로 활용하세요.
- 해바라기씨는 미리 마른 팬에 한 번 볶아 사용하면 훨씬 더 고소합니다.
- 닭가슴살 연근조림에 들어간 다시마도 버리지 않고 잘게 채 썰어 함께 먹으면 쫄깃쫄깃 맛있어요.

김밥 말기

1 김 위에 물기를 제거한 포두부 4장을 나란히 깐다.

2 포두부 위에 깻잎을 가지런히 올린 다음 스크램블을 펼쳐 담는다.

3 조린 닭가슴살과 연근을 듬뿍 얹은 후 키토 마요네즈(만드는 법 85p)를 올리고 김으로 재료를 감싸면서 단단하게 만다.

Keto 5 : 오이 연어회 김밥

신선한 횟감용 연어와 두부, 채소가 잘 어우러진 연어 샐러드 같은 김밥입니다. 밥 대신 얇게 저민 오이로 누드 김밥처럼 만들었어요. 아삭한 식감의 파프리카와 고소한 맛을 돋우는 슬라이스 치즈, 아보카도를 넣으니 더 맛있어요.

- [ ] 김 1장

+ 밥 대신
- [ ] 오이 1/2~1개(크기에 따라)

+ 김밥 재료
- [ ] 연어회 50~60g(김밥 길이로 1조각)
- [ ] 두부 40g(아보카도오일 1/2작은술)
- [ ] 슬라이스 치즈(또는 비건용 치즈) 2장
- [ ] 아보카도 1/4개
- [ ] 파프리카 1/4~1/2개(씨와 속 제거)

+ 연어 밑간 양념
- [ ] 올리브오일 1/2작은술
- [ ] 바질가루 0.5g
- [ ] 소금 0.5g
- [ ] 후추 0.5g

+ 키토소스
- [ ] 소이 마요네즈 1큰술

김밥 재료 준비하기

1 연어는 김밥 길이에 맞게 잘라 밑간 양념(올리브오일 1/2작은술, 바질가루 0.5g, 소금 0.5g, 후추 0.5g)을 한 다음 30분(최대 1시간) 정도 냉장고에 넣어둔다.

2 두부는 김밥 길이에 맞게 막대 모양으로 잘라 키친타월로 물기를 닦는다. 예열한 팬에 식용유(아보카도오일 1/2작은술)를 두르고 두부를 올려 중약불에서 노릇하게 물기 없이 바짝 부친다.
※ 두부는 단단한 것으로 준비하면 부드러운 두부보다 물기가 적어 부칠 때 편하다.

3 오이는 굵은 소금을 이용해 겉면을 깨끗이 씻은 후 물기를 닦는다. 감자용 필러로 오이의 단면 모양을 살려 길이 방향으로 얇게 저민다.

4 아보카도는 길쭉하게 자르고, 씻은 파프리카는 채를 썬다. 슬라이스 치즈도 준비한다.
※ 파프리카의 양은 크기에 따라 큰 것은 1/4개, 작은 것은 1/2개로 사용하고 씨와 속을 말끔히 제거해서 사용한다.

김밥 말기

1 김발 위에 랩을 펼쳐 깔고 김을 올린다. 김 위에 얇게 저민 오이를 가지런히 펼쳐 담는다.

2 김과 오이가 떨어지지 않게 잘 뒤집어 오이가 바닥면에 가도록 놓는다. 김 위에 슬라이스 치즈를 깔고 아보카도를 올린 다음 아보카도 위에 두부를 얹는다.

3 두부 뒤에 소이 마요네즈를 가지런히 얹은 다음 연어, 파프리카를 차례로 올린다.

4 오이가 겉면이 되도록 오이와 김이 분리되지 않게 재료를 감싸면서 단단하게 돌돌 만다.

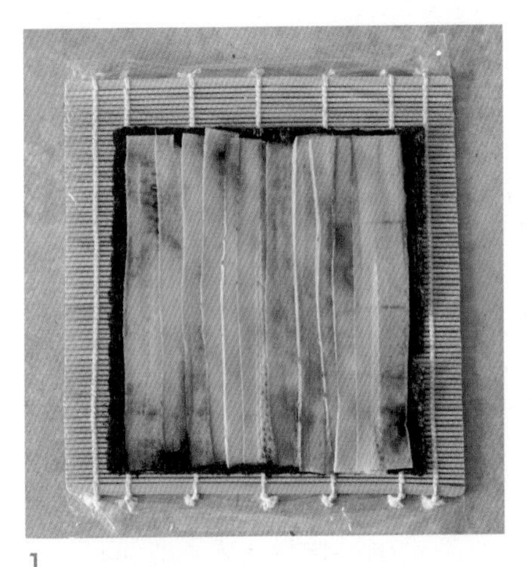

1

2

3

4

연어회 김밥은 고소하면서 신선한 연어 샐러드를 먹는 느낌이어서 더 매력적입니다.

- 신선한 횟감용 생선을 냉장고에서 숙성시키는 과정을 거치면 감칠맛이 좋아져 더욱 맛있어요.
- 오이는 감자 필러를 이용하면 얇게 저밀 수 있어요.
- 소이 마요네즈(달걀 대신 콩으로 만든 마요네즈)는 시판 제품 중 선택해서 사용하거나 키토 마요네즈(만드는 법 85p)로 대체해도 됩니다.
- 소이 마요네즈를 김밥 속에 넣어도 되지만, 약간의 재료를 더해 곁들임 소스로 만들어 김밥을 찍어 먹어도 맛있습니다. 소이 마요네즈에 다진 양파, 레몬즙, 식초, 꿀, 후추를 기호에 맞게 넣고 섞으면 연어회 김밥과 잘 어울리는 찍어 먹기 좋은 소스가 됩니다.

Choice 2
매콤한 맛
키토 김밥

'포화지방(Saturated Fat)'이 나쁜 지방으로 오해 받는 것은 상온에서 고체가
되는 성질 때문이며, 주로 동물성 식품에 많이 존재하기 때문입니다.
그래서일까요? 포화지방이 들어간 음식을 먹으면 혈관 속에
하얀 기름 덩어리가 꽉 차 있을 것 같은 느낌을 받습니다. 하지만
아보카도와 같은 좋은 지방이 풍부한 식품에도 포화지방은 들어 있어요.
진짜 나쁜 지방은 고온에서 정제 기름을 넣고 튀기거나 볶은 음식에서
발견되는 '트랜스 지방(Trans Fat)'입니다. 포화지방의 일부는 에너지로
사용하니 무조건 나쁘다고 할 수 없어요. 다만 조리법에 주의를 기울이고,
과도한 섭취는 삼가야겠지요.
그러니 '저탄 김밥'의 조리법으로 건강하게 지방을 섭취하세요.
이번에는 매콤한 맛의 키토 김밥입니다.

Keto 6 : 두부면 마라 삼겹살 김밥

중독성 강한 마라소스에 볶은 대패 삼겹살과 아삭한 대파 채를 넣은 김밥이에요. 고소한 들깨가루에 버무린 두부면으로 자극적인 마라의 맛을 살짝 중화시켰어요. 뭔가 이색적인 맛이 당길 때 입안 가득 퍼지는 마라 제육 김밥은 어떨까요?

- [ ] 김 1장

+ 밥 대신

- [ ] 두부면 80g

+ 두부면 양념

- [ ] 다진 청양고추 1큰술
- [ ] 참기름 1큰술
- [ ] 들깨가루 1큰술
- [ ] 소금 0.5g

+ 김밥 재료

- [ ] 대패 삼겹살(냉동) 150g
- [ ] 적근대 2장
- [ ] 대파 채 20g

+ 대패 삼겹살볶음 양념

- [ ] 볶음용 마라소스 60g
- [ ] 후추 0.5g

김밥 재료 준비하기

1 ▷ 두부면은 끓는 물에 넣고 30초 정도 살짝 데친다. 데친 두부면은 체에 밭쳐 물기를 빼고 키친타월로 한 번 더 물기를 닦은 다음 볼에 담는다.

▷ 준비한 두부면에 분량의 양념(다진 청양고추 1큰술, 참기름 1큰술, 들깨가루 1큰술, 소금 0.5g)을 넣고 골고루 섞는다.

2 ▷ 적근대는 깨끗이 씻은 후 물기를 제거한다.

▷ 대파는 씻은 후 곱게 채 썰어 찬물에 10분 정도 담가 아린 맛을 제거하고 키친타월에 올려 물기를 완전히 닦는다.

3 끓는 물에 대패 삼겹살을 데친 후 팬에 담아 마라소스를 넣고 중불에서 볶는다. 불을 끄고 후추를 뿌려 골고루 섞은 다음 볶은 대패 삼겹살만 건져 김밥 속 재료로 사용한다.
※ 지방이 많은 고기는 먼저 데친 후 조리하면 포화지방을 보다 건강하게 먹을 수 있다.

김밥 말기

1 김 위에 양념한 두부면을 넓게 펼쳐 올린다.

2 두부면 위에 적근대 2장을 올린다.

3 마라소스로 볶은 대패 삼겹살과 대파 채를 차례로 올린 후 단단하게 돌돌 만다.

1

2

3

- 두부면은 제품 공정에서 생기는 간수 맛이 나므로 끓는 물에 한 번 데쳐서 사용하는 게 좋아요.
- 적근대 대신 상추, 깻잎, 케일 등 다른 쌈 채소로 대체하거나 넉넉하게 넣어도 됩니다. 또 양상추를 곱게 채를 썰어 넣어도 좋아요.
- 볶음용 마라소스는 온라인 쇼핑몰이나 대형 마트에서 쉽게 구매할 수 있어요. 입문자라면 순한 맛부터 먼저 도전해 보세요.

고추, 피망, 파프리카의 항산화 작용은 식후 혈당 스파이크에도 도움을 줍니다.
특히 당뇨병 치료제 성분인 AGI(Alpha-Glucosidase Inhibitor)가 함유되어 있다고 알려져 있는데, 고춧잎에는 훨씬 더 많이 함유되어 있다고 합니다.
그러니 고춧잎과 고추, 피망, 파프리카를 한 끼 식사에 포함해 보세요.

Keto 7 : 고추 불닭 김밥

매콤한 고추장 양념의 구운 닭고기를 듬뿍 넣어 제대로 매운 '불닭 김밥'입니다.
밥 대신 넣은 '양배추 채'에도 청양고추를 섞어 깔끔하게 매운맛을 느낄 수 있어요.
향긋한 어린 셀러리를 자르지 않고 통째로 넣으면 매운맛 김밥에 참 잘 어울립니다.

- [ ] 김 1장

+ 밥 대신
- [ ] 양배추 80g(소금 0.5g, 참기름 1작은술)
- [ ] 청양고추 20g

+ 김밥 재료
- [ ] 닭고기(안심) 100g
- [ ] 셀러리 30g

+ 불닭 구이 양념
- [ ] 고추장 2작은술
- [ ] 고춧가루 1큰술
- [ ] 다진 마늘 1작은술
- [ ] 간장 1작은술
- [ ] 맛술 1큰술
- [ ] 꿀 1작은술
- [ ] 후추 톡톡톡

김밥 재료 준비하기

1 ▷ 양배추는 한 장씩 잎을 떼 깨끗하게 씻고, 청양고추는 흐르는 물에 깨끗이 씻은 후 물기를 제거한다.

▷ 양배추는 청양고추 길이 정도로 자른 다음 곱게 채 썰고, 청양고추는 반을 잘라 씨를 제거한 다음 채를 썬다. 채 썬 양배추와 청양고추를 볼에 담고, 소금 0.5g과 참기름 1작은술을 추가해 골고루 버무린다.

2 ▷ 닭고기는 깨끗하게 씻는다. 씻은 닭고기의 물기를 키친타월로 닦은 다음 두꺼운 고기는 납작하게 2~3㎝ 폭으로 잘라 닭고기 양념(고추장 2작은술, 고춧가루 1큰술, 다진 마늘 1작은술, 간장 1작은술, 맛술 1큰술, 꿀 1작은술, 후추 약간)으로 버무려 재운다.

▷ 예열한 팬에 양념에 재운 닭고기를 올리고 양념이 타지 않도록 중약불에서 앞뒤로 뒤집어가며 굽는다. 구운 닭고기는 한 김 식힌다.

3 셀러리는 깨끗이 씻은 후 키친타월로 물기를 닦고 김 크기에 맞춰 셀러리를 자른다.

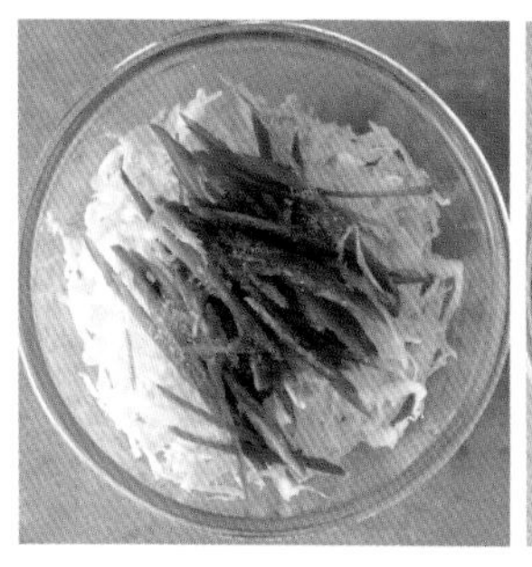

김밥 말기

1 김 위에 청양고추를 섞은 양배추 채를 평평하게 펼쳐 깐다.

2 물기를 제거한 셀러리를 양배추 채 위에 얹는다.

3 마지막으로 그 위에 구운 닭고기를 올리고 단단하게 돌돌 만다.

1

2

- 닭고기는 원하는 부위로 선택하고, 먼저 닭고기를 데친 다음 양념으로 버무려도 됩니다.
- 닭고기 양념 중 맛술 1큰술과 꿀 1작은술 대신 청주 1큰술과 올리고당 1작은술로 대체해도 됩니다. 닭고기는 분량의 양념으로 잘 버무린 후 미리 1~2시간 재우면 양념이 고기 속까지 잘 스며들어 더 맛있게 익힐 수 있어요.
- 입안이 얼얼할 정도로 화끈하게 매운맛을 좋아한다면 닭고기 양념에 넣을 고춧가루를 청양 고춧가루로 대체하거나 좀 더 추가하면 됩니다.
- 매운맛을 중화하려면 키토 마요네즈를 곁들이세요. 건강한 오일 베이스의 키토 마요네즈는 셀러리와도 참 잘 어울려요.

3

Keto 8 : 참나물 불주꾸미 김밥

'참나물 불주꾸미 김밥'은 연겨자 양념으로 알싸하게 무친 주꾸미와 향긋한 참나물을 듬뿍 넣은 김밥이에요. 식이섬유가 풍부한 참나물을 생으로 넣으니 향과 생생한 식감을 동시에 느낄 수 있어 더 좋아요. 또 청양고추를 자르지 않고 넣어 씹을 때마다 전해지는 매운맛이 부담스럽지 않고 개운하게 맛있어요.

- [ ] 김 1장

+ 밥 대신
- [ ] 달걀 2~3개(소금 1g, 아보카도오일 1작은술)
- [ ] 다진 청양고추 1큰술

+ 김밥 재료
- [ ] 데친 주꾸미 100g
- [ ] 참나물 30g
- [ ] 청양고추 2개

+ 주꾸미 무침 양념
- [ ] 다진 마늘 1/2작은술
- [ ] 레드페퍼 1작은술
- [ ] 연겨자 1작은술
- [ ] 올리브오일 1작은술
- [ ] 간장 1작은술
- [ ] 꿀 1작은술
- [ ] 식초 1작은술

김밥 재료 준비하기

1 ▷ 달걀을 깨뜨려 볼에 담고 소금으로 간을 한 후 곱게 푼다.
▷ 예열한 팬에 아보카도오일 1작은술을 두르고 달걀물을 부어 넓고 평평하게 만든다.
▷ 약불에서 1분간 익힌 후 뒤집어서 30초 정도 마저 익힌다. 완성한 달걀지단을 한 김 식힌 후 돌돌 말아 곱게 채를 썬 후 볼에 담고, 다진 청양고추 1큰술을 추가해 섞는다.

2 ▷ 손질한 주꾸미는 깨끗이 씻어 끓는 물에 넣고 1~2분 정도 데친 후 찬물에 헹군다.
▷ 데친 주꾸미는 물기를 제거한 다음 먹기 좋게 잘라 분량의 양념(다진 마늘 1/2작은술, 레드페퍼 1작은술, 연겨자 1작은술, 올리브오일 1작은술, 간장 1작은술, 꿀 1작은술, 식초 1작은술)으로 조물조물 버무린다.

3 참나물은 지저분한 부분과 떡잎을 제거해 깨끗하게 씻고, 청양고추도 꼭지를 떼어내고 깨끗이 씻은 후 키친타월로 물기를 닦는다.

김밥 말기

1 김 위에 준비한 달걀지단을 넓게 펼쳐놓는다.

2 주꾸미 무침과 참나물을 가지런히 올린다. 이때 김밥 말기가 어렵다면 주꾸미 양을 조절해서 넣는다.

3 청양고추를 자르지 않고 통째로 얹은 후 고추가 옆으로 빠지지 않게 유의하면서 단단하게 돌돌 만다.

1

2

- 참나물을 구매할 때는 잎이 짙은 초록색을 띠는 것으로 고르세요. 손질할 때는 줄기 끝부분을 잘라내고, 상하거나 시든 잎, 누런 떡잎을 잘라주세요.
- 생물 상태의 신선한 주꾸미는 살짝 데쳐 빠르게 찬물로 헹구고, 냉동한 주꾸미는 미리 냉장고에서 해동한 후 끓는 물에 데쳐서 사용하세요. 주꾸미가 제철인 봄에는 씹을수록 고소하면서도 달짝지근한 맛이 나 더욱 매력적인 김밥이 됩니다.
- 레드페퍼 대신 고춧가루나 파프리카 파우더를 사용해도 됩니다.

3

Keto 9 : 항정살 치즈 김밥

'항정살'은 돼지의 목덜미살로 옅은 분홍색의 살코기와 지방이 촘촘하게 잘 섞여 있어 고소한 맛이 일품입니다. 돼지고기 특수 부위인 항정살을 고추기름과 발사믹 식초로 조리고, 목이버섯 피클을 더하니 매콤 깔끔 새콤달콤한 맛과 오독오독 씹는 식감이 다채로워요.

- [ ] 김 1장

+ 밥 대신
- [ ] 양배추 채 100g(올리브오일 1큰술)

+ 김밥 재료
- [ ] 항정살 100g
- [ ] 흰목이버섯 피클 50g
- [ ] 체더치즈 2장

+ 항정살 조림 양념
- [ ] 고추기름 2작은술
- [ ] 간장 1작은술
- [ ] 발사믹 식초 1작은술
- [ ] 꿀 1작은술

김밥 재료 준비하기

1 양배추는 곱게 채 썰어 찬물로 3회 정도 헹군 후 체에 담아 물기를 빼거나 탈수기를 이용해 물기를 완전히 제거한다. 준비한 양배추 채에 올리브오일을 넣고 버무린다.

2 ▷ 분량의 조림 양념 재료를 잘 섞어 항정살 조림 양념장(고추기름 2작은술, 간장 1작은술, 발사믹 식초 1작은술, 꿀 1작은술)을 준비한다.

▷ 항정살은 끓는 물에 넣고 데친 후 건져 예열한 팬에 담아 중불에서 앞뒤로 굽는다. 약불로 줄인 후 양념장을 넣고 양념이 고기에 잘 배어들게 볶으면서 바짝 조린다.

3 흰목이버섯 피클(만드는 법 68p)은 물기를 꼭 짠다.

1

2

3

김밥 말기

1 김 위에 체더치즈 2장을 나란히 깐다.

2 양배추 채를 김의 3/4 지점까지 펼쳐놓는다.

3 양배추 채 위에 항정살 조림과 흰목이버섯 피클을 나란히 올린 다음 단단하게 돌돌 만다.

- 고기를 굽기 전 끓는 물에 데쳐서 어느 정도 익힌 후 구우면 훨씬 건강하게 포화지방을 섭취할 수 있어요. 또 항정살 대신 선호하는 부위로 대체해도 됩니다.
- 목이버섯 피클 대신 목이버섯을 약간의 소금을 넣은 끓는 물에 데친 후 식초로 버무려서 사용해도 됩니다.

Keto 10 : 채소 삼합 차돌 김밥

'채소 삼합 차돌 김밥'은 맛, 색, 식감까지 3박자를 골고루 갖춘 키토 김밥이에요. 차돌박이는 희고 단단한 연골성 지방을 함유한 소고기의 특수 부위로 얇게 썰면 고소한 맛과 함께 쫀득하게 씹히는 식감이 좋아요. 차돌의 매콤한 된장 양념과 부추, 양파, 보라색 양배추의 신선한 채소 삼합이 조화로운 김밥입니다.

- ☐ 김 1장

+ 밥 대신
- ☐ 차돌박이(냉동) 300g

+ 김밥 재료
- ☐ 부추 40g
- ☐ 양파 40g
- ☐ 보라색 양배추 30g

+ 차돌박이 볶음 양념
- ☐ 다진 청양고추 1큰술
- ☐ 다진 마늘 1작은술
- ☐ 된장 1.5작은술
- ☐ 꿀 1작은술
- ☐ 청주 1작은술
- ☐ 후추 톡톡톡

김밥 재료 준비하기

1 양파는 곱게 채 썬 후 찬물에 10분 정도 담가 아린맛을 빼고 체에 밭쳐 물기를 제거한다.

2 보라색 양배추는 한 장씩 떼어내 깨끗이 씻은 후 물기를 제거하고 곱게 채를 썬다.

3 부추는 깨끗이 씻은 후 키친타월에 올려 물기를 닦는다.

4 ▷ 냉동 차돌박이는 미리 냉장고에 두고 해동한 후 키친타월로 핏물을 닦는다. 끓는 물에 차돌박이를 넣고 살짝 데친다. 이렇게 데친 후 조리하면 고기가 익을 때까지 고온에서 조리하지 않아 포화지방을 보다 건강하게 먹을 수 있다.

▷ 볼에 데친 차돌박이와 분량의 양념(다진 청양고추 1큰술, 다진 마늘 1작은술, 된장 1.5작은술, 꿀 1작은술, 청주 1작은술)을 넣고 조물조물 버무린다. 예열한 팬에 양념한 차돌박이를 담고 중불에서 양념이 타지 않게 볶는다.

▷ 불을 끄고 후추를 뿌려 골고루 섞는다. 볶은 차돌박이는 건더기만 건져 김밥 속 재료로 사용한다.

김밥 말기

1 김 위에 차돌박이를 밥 대신 넓게 펼쳐 올린다.

2 차돌박이 위에 물기를 제거한 양파, 보라색 양배추, 부추를 나란히 올린다. 김으로 속 재료를 감싸면서 단단하게 돌돌 만다.

1

2

- 차돌박이 대신 지방이 적은 설깃살, 홍두깨살, 보섭살 부위를 사용해도 됩니다. 다만 얇게 썰어야 질기지 않고 적당하게 씹히는 식감이 좋아요.
- 키토 마요네즈에 쌈장을 섞은 소스와 잘 어울리는 김밥이에요.
- 생부추 특유의 향과 매운맛이 부담스럽다면 부추를 새콤달콤한 장아찌로 만들어 넣어도 좋아요. 맵지 않으면서 좀 더 상큼한 맛이 납니다.

두부면 80g

시판 두부면은 그대로 사용하기보다
끓는 물에 넣고 살짝 데쳐서 사용해요.
데친 두부면은 물기를 완전히
제거하고, 필요에 따라 들깨가루 등의
양념을 넣고 버무리면 더 좋아요.

만일 **메밀국수**를 넣는다면
메밀 함량이 높은 것을 선택하고
김밥 1줄에는 삶은 국수
70~80g 정도 넣으면 됩니다.

밥 대신 김밥에 넣기 좋은 재료

유부 채 50g

끓는 물에 유부를 넣고 데친 다음
예열한 팬에 넣고 물기를 완전히
제거하도록 볶아서 사용해요.
만일 튀긴 유부의 기름을 완전히
제거하려면 1회 더 데쳐서
사용하면 됩니다.

PLUS RECIPE

응용하기 쉬운 초간단 김밥

접어 먹는 사각 김밥

'접어 먹는 사각 김밥'은 다양한 재료로 대체하기 쉽고 도시락 메뉴로도 활용하기 좋은 레시피입니다. 특히 밥 없이 신선한 채소의 식이섬유와 좋은 지방 및 양질의 단백질을 골고루 섭취하는 '키토 김밥'이며, 탄수화물 식단 관리가 절실한 비만, 당뇨, 갑상샘 질환자 등에게 좋은 맞춤형 레시피입니다.

- ☐ 김 1장

+ 1면 재료

- ☐ 달걀 1개
  (소금 0.5g, 아보카도오일 1/2작은술)
- ☐ 슬라이스 치즈(흰색) 1장

+ 2면 재료

- ☐ 깻잎 2g(1장)
- ☐ 청상추 7g(1장)
- ☐ 케일 5g(1장)

+ 3면 재료

- ☐ 아보카도 30g(슬라이스 3개)
- ☐ 삶은 닭고기 35g(생닭 안심 50g)

+ 4면 재료

- ☐ 사과 40g(작은 크기 1/4개)
- ☐ 양배추 18g(김 1/4장 크기로 1장)

+ 닭고기 300g 삶는 재료

- ☐ 닭고기(안심) 300g
- ☐ 물 1ℓ
- ☐ 통후추 1큰술
- ☐ 월계수 잎 2장
- ☐ 청주 2큰술
- ☐ 소금 2g

김밥 재료 준비하기

1 ▷ 닭고기(닭 안심)는 씻은 다음 냄비에 담고 찬물 1리터(닭고기가 충분히 잠길 정도)를 붓는다.

▷ 통후추, 월계수 잎, 청주를 추가해 강불에서 끓이다가 팔팔 끓으면 중불로 줄인다.

▷ 5분 정도 지나 소금을 넣은 다음 닭고기를 5분 정도 더 익힌다.

▷ 삶은 닭고기는 곧바로 찬물로 헹구고 사용할 닭고기는 물기를 닦고, 나머지는 물기가 있는 상태로 소분해서 냉동 보관한다.

▷ 준비한 닭고기는 손가락 길이로 납작하게 저민다.

2 ▷ 볼에 달걀을 풀어 넣고 소금으로 간을 한 다음 곱게 푼다.

▷ 예열한 팬에 아보카도오일 1/2작은술을 두르고 달걀물을 부어 지단을 부친다. 이때 사각 팬을 이용하면 편리하다.

▷ 부친 달걀은 접시에 담아 한 김 식힌 후 김의 1/4 크기에 맞게 자른다.

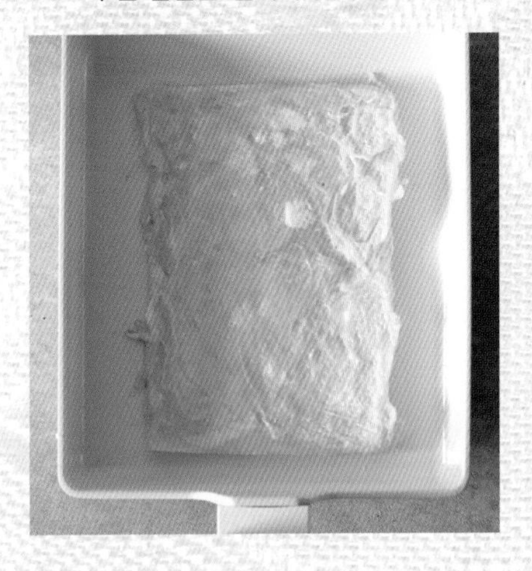

3 ▷ 사과는 깨끗하게 씻어 물기를 닦고 반으로 잘라 씨 부분을 도려내고 껍질째 납작하게 모양대로 썬다.

▷ 아보카도는 반으로 갈라 씨를 빼내고 껍질을 벗겨 과육만 약간 도톰하게 모양대로 자른다.

4 깻잎, 청상추, 케일, 양배추는 깨끗하게 씻어 물기를 완전히 제거한다.

- 레시피에서 제시한 방법으로 닭고기를 삶으면 좀 더 촉촉하고 부드럽게 익힐 수 있어요. 만일 쫄깃하고 단단한 식감을 원한다면 소금을 넣은 끓는 물에 10분간 삶아 찬물에 곧바로 헹구면 됩니다. 또 삶은 닭고기를 냉동 보관할 때는 약간 물기가 있는 상태로 보관하는 게 좋고, 냉장 보관할 경우에는 물기 없이 보관하도록 합니다.
- 깻잎, 케일, 청상추, 양배추 등의 채소는 김의 1/4 크기에 맞춰 자르거나 접어서 김의 사각 모양에 맞게 만들어 올리세요.
- 만든 사각 김밥은 완성 후 샌드위치처럼 랩이나 유산지로 한 번 감싼 후 반으로 자르면 먹기 편해요.
- 먹을 때 원하는 소스를 곁들여 조금씩 찍어 먹어도 좋아요.

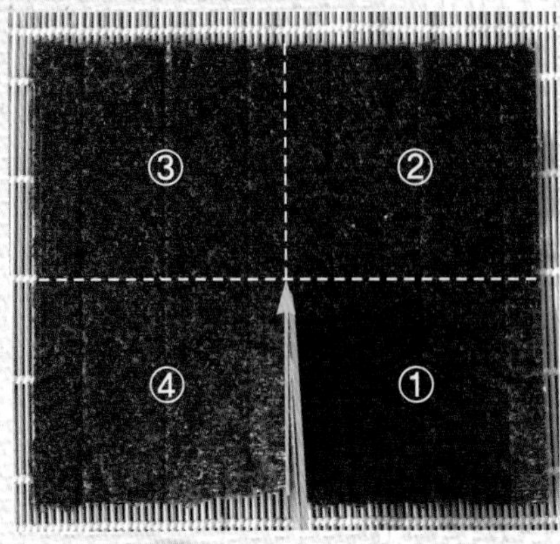

1 김을 깔고 그림의 ①면과 ④면 사이 노란 선처럼 김을 자른다.

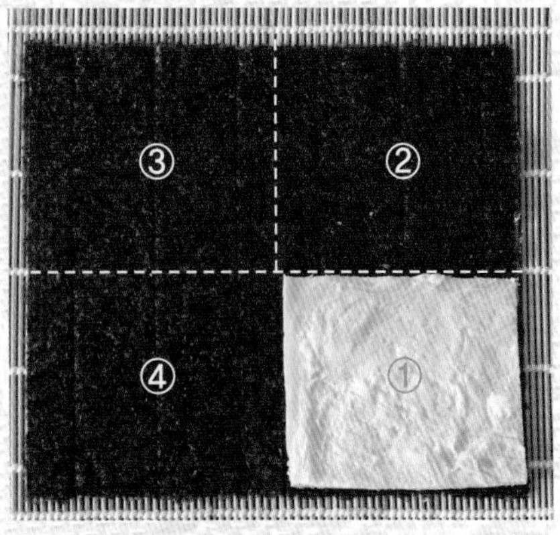

2 ①면에는 달걀지단을 김의 1/4 크기로 잘라 깔고 슬라이스 치즈를 올린다.

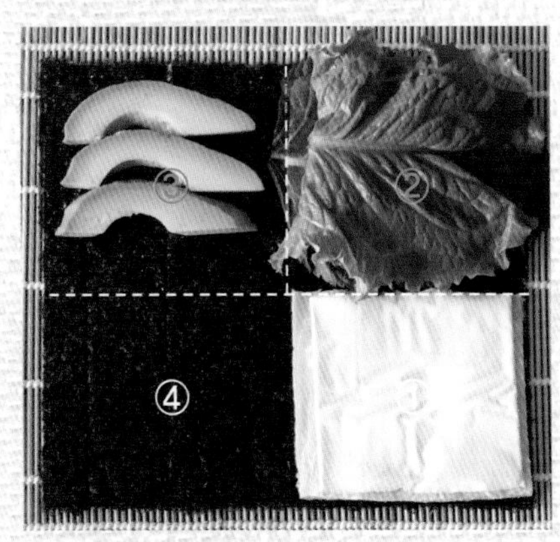

3 ②면에는 깻잎, 케일, 청상추를 차례로 올리고 ③면에는 납작하게 자른 아보카도와 삶은 닭 안심을 올린다. ④면에는 양배추를 올리고 납작하게 썬 사과를 가지런히 얹는다.

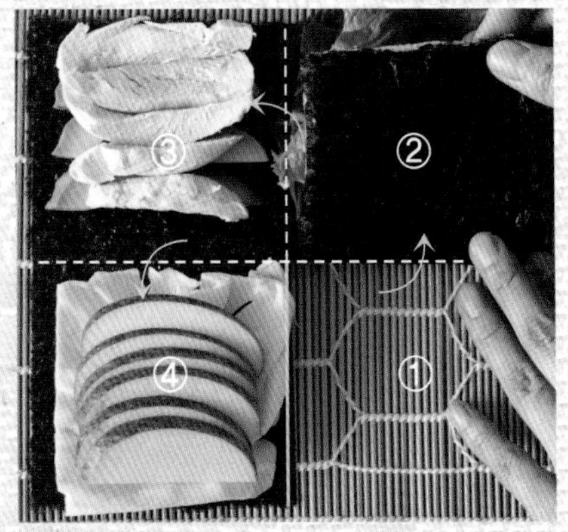

4 사진을 참고해 오른쪽 ①면부터 화살표처럼 위로 접어올린 후 ②면을 왼쪽 방향 ③면으로 반을 접는다. ③면을 아래 ④면으로 반을 접어 사각 모양의 김밥으로 완성한다. 접을 때 재료를 조금씩 누르면서 단단하게 접는다.

Choice 3
상큼한 맛
키토 김밥

사람의 면역체계는 대부분 글리아딘(Gliadin, 곡물에 존재하는 단백질로 글루텐의 일종)이 혈액에 유입되었을 때 반응을 보인다고 합니다. 그러니 글리아딘이 함유된 음식을 덜 먹을수록 소화는 더 잘되고 면역과 밀접한 관련이 있는 장 건강도 좋아질 수 있는 것입니다. 무엇보다 밀가루와 같은 정제 탄수화물 식품은 정제 과정에서 혈당에 유익한 식이섬유가 훼손되므로 혈당 스파이크를 일으키게 됩니다. 또 우리의 소화를 담당하는 소화 장기는 탄수화물 식품의 포도당을 연료로 사용하지 않습니다. 따라서 혈당 스파이크의 치유는 소화에서 시작해야 하며, 정제 탄수화물 식품을 멀리해야 소화력도 좋아집니다. 특히 양질의 단백질 식품은 소화기관의 연료가 됩니다. 다만 파우더 형태가 아닌 적절한 양의 음식으로 섭취해야 혈당 관리에 도움이 된다는 사실을 기억하세요. 이제 마지막 키토 김밥은 혈당을 조율하는 데 좋은 상큼한 맛입니다.

Keto 11 : 해초 게살 김밥

꼬들꼬들한 식감이 매력적인 해초를 새콤달콤하게 무쳐 밥 대신 넣었어요.
상큼한 맛의 해초와 잘 어울리는 게살과 크림치즈를 추가하니
푸짐하고 풍성한 맛이 나 좋아요. 귀여운 미니 당근 피클은 김밥의 상큼한 맛을
돋우면서 예쁜 색감을 내는 만능 재료입니다.

- [ ] 김 1장

+ 밥 대신
- [ ] 모둠 해초 100g(건조 해초 물에 불린 양)

+ 김밥 재료
- [ ] 게살(냉동 자숙 게살) 60g
- [ ] 달걀 2개(소금 1g, 아보카도오일 2작은술)
- [ ] 미니 당근 피클 20g
- [ ] 크림치즈 2큰술

+ 해초무침 양념
- [ ] 식초 2작은술
- [ ] 올리고당 1작은술
- [ ] 소금 0.5g

김밥 재료 준비하기

1 ▷ 해초(건조 해초)는 찬물에 10분간 담가 불린 후 헹궈 물기를 꼭 짠다. 만일 염장 해초라면 소금을 털어내고 찬물로 3회 정도 헹군 다음 미지근한 물(10분) 또는 찬물(30분)에 담가둔 후 끓는 물에 넣고 1분 정도 데쳐서 사용한다.

▷ 물기를 제거한 해초를 볼에 담고, 무침 양념(식초 2작은술, 올리고당 1작은술, 소금 0.5g)을 넣어 조물조물 버무린다.

2 ▷ 냉동 자숙 게살은 미리 냉장실에 4~6시간 넣어두고 해동한다.

▷ 해동한 게살을 끓는 물에 넣고 10초 정도 살짝 데쳐 빠르게 건져낸다. 데친 게살은 찬물로 가볍게 헹군 후 물기를 꼭 짠다.

3 볼에 달걀과 소금 1g을 넣고 곱게 푼다. 예열한 팬에 아보카도오일을 두르고 달걀물을 부어 얇고 평평하게 한 후 약불에서 1분간 익히다가 뒤집어서 30초 정도 마저 익힌다.

4 미니 당근 피클(만드는 법 78p)은 물기를 제거해 준비한다.

김밥 말기

---

1 먼저 김 위에 얇게 부친 달걀지단을 3/4 지점까지 깐다.

2 달걀지단 위에 해초무침을 김의 3/4 지점까지 넓게 펼친다.

3 게살, 크림치즈, 미니 당근 피클을 차례로 올리고 단단하게 돌돌 만다.

1

2

- 소금이 잔뜩 묻어 있는 염장 모둠 해초는 물에 담가 불려서 사용해야 염분을 제거할 수 있어요. 다만 너무 오래 물에 담가두면 오히려 맛이 없어질 수 있으므로 1시간 이내가 적당합니다.
- 크림치즈는 사각 모양의 단단한 것으로 구매해 필요한 만큼 잘라 사용하면 김밥 쌀 때 편해요.
- 게살은 소포장된 급속 냉동 자숙 게살을 권장합니다. 식품첨가물 걱정 없이 건강한 재료를 좀 더 편하게 사용할 수 있어요.

3

Keto 12 : 꽁치 두부 김밥

밥 대신 고소하게 볶은 두부에 간장 양념이 매력적인 꽁치조림을 넣고 만든 김밥이에요. 향긋한 깻잎과 셀러리 피클을 넣어 뒷맛도 깔끔해요.
만들기도 간단한 '셀러리 꽁치 김밥'은 기대 이상으로 너무나 맛있어요.

- ☐ 김 1장

+ 밥 대신

- ☐ 볶은 두부 100g (생두부 115g, 소금 0.5g)

+ 김밥 재료

- ☐ 꽁치조림 100g (2조각)
- ☐ 깻잎 4장
- ☐ 셀러리 피클 60g
- ☐ 체더치즈 2장

+ 꽁치조림 재료와 양념

- ☐ 통조림 꽁치 400g
- ☐ 간장 1큰술
- ☐ 올리고당 1큰술
- ☐ 청주 1큰술
- ☐ 물 2큰술
- ☐ 생강 10g

김밥 재료 준비하기

1 ▷ 먼저 흐르는 물에 두부를 가볍게 씻은 다음 키친타월로 물기를 닦는다. 접시에 담아 전자레인지에서 2분 이내로 돌린 다음 두부에서 빠져나온 물은 버린다.
※ 이렇게 먼저 두부의 수분을 미리 빼내면 볶을 때 오래 걸리지 않는다.
▷ 예열한 팬에 두부를 넣고 주걱 등을 이용해 으깬 다음 소금 0.5g을 넣고 섞으면서 물기가 없어질 때까지 두부를 고슬고슬하게 볶는다. 볶은 두부는 접시에 펼쳐 담아 식힌다.

2 ▷ 먼저 분량의 양념(간장 1큰술, 올리고당 1큰술, 맛술 1큰술, 물 2큰술, 생강 10g)을 잘 섞어 조림 양념장을 준비한다.
▷ 통조림용 꽁치는 건더기만 건진 후 팬에 담고 양념장을 꽁치 위에 골고루 끼얹는다. 중약불에서 뭉근하게 꽁치를 앞뒤로 뒤집으면서 조린다.

3 셀러리 피클(만드는 법 74p)은 물기를 제거해 준비한다.

- 통조림용 꽁치는 비린 맛이 약하지만 기호에 따라 꽁치의 맛을 다소 강하게 느낄 수 있어요. 이때 셀러리 피클을 듬뿍 넣으면 상큼한 맛을 충분히 낼 수 있어요.
- 셀러리 피클 대신 셀러리를 얇게 어슷어슷 썰어 식초, 올리고당, 소금으로 버무려 물기를 꼭 짠 다음 사용해도 됩니다.
- 볶은 두부는 김밥을 말 때 옆으로 흘러나올 수 있어 김 위에 깻잎과 체더치즈를 깐 다음 볶은 두부를 펼쳐 담으면 김밥 말기가 편해요.

김밥 말기

1 김 위에 깻잎 4장을 가지런히 깔고 체더치즈 2장을 나란히 올린다.

2 체더치즈 위에 볶은 두부를 펼쳐놓는다. 꽁치조림과 셀러리 피클을 올리고 단단하게 돌돌 만다.

1

2

Keto 13 : 미나리 브리치즈 김밥

고소하면서 풍부한 맛의 브리치즈와 부드러운 아보카도, 향긋한 미나리 피클의 조합이 과연 어떤 맛일지 무척 궁금해지는 김밥이에요. 결과는 기대 이상으로 상큼하게 맛있고 밥 대신 넣은 유부의 쫄깃한 식감까지 매력적입니다.

- ☐ 김 1장

+ 밥 대신
- ☐ 유부 50g

+ 김밥 재료
- ☐ 아보카도 1/4~1/2개
- ☐ 브리치즈 50g (메이플시럽 1/2~1큰술)
- ☐ 미나리 피클 50g

김밥 재료 준비하기

1 유부는 채 썰어 끓는 물에 데치고 물기를 꼭 짠다. 예열한 팬에 유부 채를 담아 물기를 완전히 제거하면서 볶는다.

2 ▷ 브리치즈는 메이플 시럽을 뿌린 후 170도로 예열한 오븐에서 8~10분 정도 굽는다. 또는 예열한 팬에 기름 없이 브리치즈를 뒤집어가며 구워도 된다. 단, 프라이팬으로 구우면 쉽게 탈 수 있으므로 메이플 시럽은 생략해도 된다.
▷ 구운 브리치즈는 막대 모양으로 자른다.

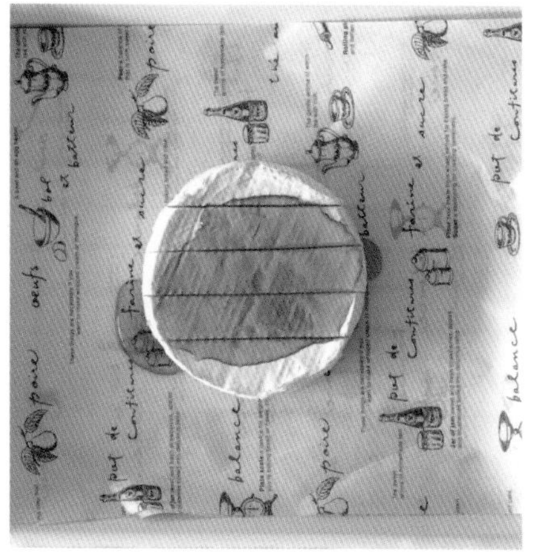

3 아보카도는 껍질을 벗기고 길이로 도톰하게 자른다.
※ 아보카도의 양은 크기에 따라 큰 것은 1/4개, 작은 것은 1/2개로 사용하고 너무 부드럽게 익은 것보다 약간 무른 정도로 후숙한 것을 선택한다.

4 미나리 피클(만드는 법 70p)은 물기를 꼭 짜낸다.

김밥 말기

1 먼저 김 1장을 반으로 자른다. 절반으로 자른 김 1장 위에 유부 채를 김의 3/4 지점까지 펼쳐 깐다.

2 유부 채 위에 브리치즈와 아보카도를 얹은 후 그 사이에 미나리 피클을 올려 야무지게 돌돌 만다. 남은 김 1/2장도 같은 방법으로 만다.

1

2

- 김을 절반으로 자르면 김 전장을 사용할 때보다 좀 더 수월하게 김밥을 말 수 있어요. 김밥 속 재료에 따라 전장 또는 절반으로 자른 김을 선택하세요.
- 미나리 피클은 물기를 꼭 짜서 넣어주세요. 물기가 있으면 김이 풀어지고 자를 때 물이 흘러나옵니다.
- 브리치즈의 겉은 약간 꾸덕하지만 속은 부드러운 연성 치즈로 숙성기간과 종류에 따라 맛에서 차이가 있어요. 대체로 생치즈보다는 시큼하면서도 깊고 풍부한 맛이 납니다. 레시피의 브리치즈는 매일 상하 브리치즈(100g) 1/2개를 사용했어요.
- 브리치즈를 오븐에 구우면 겉은 조금 더 꾸덕꾸덕해지고 치즈의 안은 커스터드 크림처럼 부드럽게 녹아요. 이렇게 구운 브리치즈를 먹기 좋게 잘라서 빵에 사과와 함께 올려 먹어도 맛있어요.

Keto 14 : 양파 참치회 김밥

싱싱한 참치회는 건강한 지방을 신선하게 섭취할 수 있어 좋아요.
밥 대신 참치회를 넣고 레몬 향이 좋은 양파 초절임과 오이를 넣어 상큼하면서 아삭한 식감을 더한 김밥으로 만들어요.

- [ ] 김 1장

+ 밥 대신
- [ ] 참치(횟감용) 200g

+ 김밥 재료
- [ ] 달걀 1개 (소금 0.5g, 아보카도오일 2작은술)
- [ ] 오이 1/2개(길이로 반을 자른 것)
- [ ] 양파 1/2개

- [ ] 크림치즈 2큰술

+ 양파 초절임 양념
- [ ] 레몬 1/3개
- [ ] 물 1큰술
- [ ] 식초 1큰술
- [ ] 올리고당 1큰술
- [ ] 소금 1g

김밥 재료 준비하기

1 ▷ 먼저 레몬 1/3개로 즙을 낸다. 그릇에 분량대로 양념(물 1큰술, 식초 1큰술, 올리고당 1큰술, 소금 1g)과 레몬즙을 넣고 잘 섞어 초절임 양념장을 만든다.
▷ 양파 1/2개는 얇게 썰어 찬물로 가볍게 헹군 후 물기를 제거한다. 준비한 초절임장에 양파를 담고 잘 섞은 후 냉장고에 두고 20분간 시원하게 절인다.
※ 김밥을 말 때는 양파의 물기를 꼭 짠 다음 사용한다.

2 ▷ 볼에 달걀과 소금을 넣고 곱게 푼다. 예열한 팬에 아보카도오일을 두른 후 달걀물을 붓고 골고루 펼쳐놓는다.
▷ 중약불에서 타지 않게 익히다가 반 정도 익으면 약불로 맞추고 돌돌 말면서 막대 모양으로 만들어 도톰하게 부친다.

3 굵은 소금을 이용해 오이를 깨끗하게 씻은 후 길이대로 반으로 자른다. 반으로 자른 오이는 씨 부분을 수저로 긁어내거나 칼로 도려낸 다음 물기를 닦는다.

4 참치회는 겉면의 물기를 키친타월로 닦아 뽀송하게 준비한 다음 김 크기에 맞게 자른다.

- 생오이를 넣으면 깔끔하고 시원한 맛이 좋아요. 만일 좀 더 새콤한 맛을 원한다면 오이를 식초에 절여서 사용하면 됩니다.
- 참치회는 덩어리로 구매해 넓게 자르면 김밥을 말 때 좀 더 편해요.
- 한입 크기로 자른 참치회 김밥 위에 취향대로 연겨자 또는 와사비를 조금씩 올려 짠맛이 덜한 회 간장에 찍어 먹으면 더 맛있어요.

김밥 말기

1 김을 깔고 그 위에 참치를 김의 1/2 지점까지 올려놓는다.

2 참치 위에 부친 달걀과 물기 짠 양파 초절임을 얹고, 크림치즈도 올린다.

3 속을 파낸 오이로 크림치즈를 덮은 후 김으로 재료를 감싸면서 단단하게 돌돌 만다.

4 완성한 김밥을 썰 때는 밥이 없으므로 칼날이 무디지 않아야 참치회 등 속 재료를 깔끔하게 자를 수 있고 단면이 지저분하지 않다. 자른 김밥은 접시에 담고 간장과 와사비를 곁들인다.

1

2

3

4

Keto 15 : 셀러리 채소볶음 김밥

독특한 향과 쌉싸름한 맛이 매력적인 셀러리는 식이섬유가 풍부해 혈당 관리에 좋은 채소입니다. 또 나트륨 배출 및 몸속 독소 제거, 면역력 증진에도 도움을 줍니다. 이렇게 좋은 셀러리를 통째로 넣어 상큼한 맛의 키토 김밥으로 만들어요. 밥 대신 다진 채소를 고슬고슬하게 볶아 넣고 유부 채도 듬뿍 넣어보세요. 식감과 포만감 좋은 알찬 한 끼 식사로 완성됩니다.

- ☐ 김 1장

+ 밥 대신
- ☐ 콜리플라워 120g
- ☐ 우엉조림 40g
- ☐ 당근 20g

+ 김밥 재료
- ☐ 셀러리 50g(김 크기로 자른 줄기 부분 1대)
- ☐ 유부 20g
- ☐ 무채 피클 40g

+ 채소볶음 양념
- ☐ 간장 1작은술
- ☐ 참기름 1작은술
- ☐ 들기름 1작은술

+ 키토소스
- ☐ 키토 마요네즈 2큰술

김밥 재료 준비하기

1 ▷ 콜리플라워는 식초 물에 넣고 손으로 살살 문지르며 씻은 후 헹군다. 당근은 껍질을 벗긴 다음 씻는다. 세척한 채소는 물기를 닦아내고 잘게 다진다.

▷ 우엉조림도 잘게 다진 다음 예열한 팬에 다진 콜리플라워와 당근을 함께 넣고 중불에서 볶다가 채소볶음 양념(간장 1작은술, 참기름 1작은술, 들기름 1작은술)을 추가해 중약불에서 골고루 섞으면서 마저 볶는다. 볶은 채소를 접시에 담아 한 김 식힌다.

2 유부는 채 썰어 끓는 물에 데친 후 팬에 담아 물기 없이 바짝 볶는다.

※ 유부를 볶을 때 기름을 두르지 않고 물기를 제거하는 수준으로 바짝 볶으면 된다. 1번의 채소도 김밥을 말 때 김이 눅눅해지지 않을 정도로 물기를 제거하면서 볶는다.

3 무채 피클(만드는 법 71p)은 물기를 꼭 짜서 준비한다.

김밥 말기

1 김 위에 볶아서 식힌 채소 밥을 김의 4/5 지점까지 담아 꼭꼭 누르면서 깐다.

2 채소 밥 위에 셀러리를 통째로 올리고 셀러리 속에 키토 마요네즈(만드는 법 85p)를 넣는다.

3 데친 유부 채와 무채 피클을 차례로 올리고 김으로 단단하게 돌돌 만다.

1

2

3

- 우엉은 미리 간장조림으로 만든 밑반찬을 이용하면 편하지만 생우엉을 잘게 다져서 사용해도 됩니다.
- 무채 피클이 없다면 무를 채 썰어 식초와 소금으로 버무려서 10분 정도 절이고, 사용할 때는 물기를 꼭 짠 후 김밥에 넣으면 됩니다.
- 잘게 다진 유부를 채소 밥에 넣고 함께 볶아도 되지만, 유부 특유의 쫄깃한 식감을 원한다면 채를 썰어 데친 후 김밥 속 재료로 넣고 말아주세요.
- 올리브오일이나 아보카도오일 베이스의 '키토 마요네즈'는 셀러리의 패인 면에 채워 넣고, 채소 밥 쪽으로 셀러리를 뒤집은 다음 말면 마요네즈가 손에 묻지 않아요.

PLUS
RECIPE

우리들의 원조 김밥 1

많은 사람들이 좋아하는 '불고기 김밥'과 '달걀말이 김밥' 원조 레시피를 '저탄 김밥'으로 응용해 보세요. 기존 김밥 재료에 밥 대신 저탄 밥이나 잡곡밥을 넣고 신선한 채소를 더하세요. 특히 김밥을 찍어 먹는 키토소스는 저탄 김밥으로 변신한 우리들의 원조 김밥을 한층 빛나게 합니다.

1 : 불고기 김밥

'불고기 김밥'에는 원조 불고기 김밥의 밥 대신 밥을 1/3 정도만 넣고 다진 양배추를 섞은 '양배추 밥'을 사용합니다. 또 햄, 게맛살, 단무지 대신 신선한 채소를 넣고 불고기에도 유부를 추가합니다. 불고기 김밥과 키토소스의 조합은 정말 맛있어요.

- ☐ 김 1장

+ 저탄 밥

- ☐ 밥 70g
- ☐ 양배추 50g
- ☐ 아보카도오일 1작은술
- ☐ 참깨 1작은술

+ 김밥 재료

- ☐ 불고기 80g
- ☐ 당근 100g(소금 1g, 식용유 1작은술)
- ☐ 달걀 1~2개(달걀 크기에 따라) (소금 0.5g, 식용유 1작은술)
- ☐ 청상추 2장
- ☐ 적겨자 2장

+ 불고기 재료와 양념

- ☐ 소고기 150g
- ☐ 유부 100g
- ☐ 간장 1.5큰술
- ☐ 다진 마늘 1작은술
- ☐ 꿀 1큰술
- ☐ 참기름 1큰술
- ☐ 물 1큰술
- ☐ 후추 톡톡톡

+ 키토소스

- ☐ 땅콩버터 1큰술
- ☐ 쌈장 1작은술
- ☐ 레몬즙 1작은술
- ☐ 따뜻한 물 1작은술

김밥 재료 준비하기

1 ▷ 유부는 1㎝ 폭으로 잘라 끓는 물에 1분간 데친 후 찬물에 헹궈 물기를 꼭 짠다. 소고기는 키친타월로 감싸 핏물을 닦는다.

▷ 볼에 소고기와 유부를 담고 분량의 불고기 양념을 넣고 버무린 다음 5분간 재운다.

▷ 예열한 팬에 불고기 양념에 재운 소고기와 유부를 담고 물기 없이 바짝 볶는다. 볶은 불고기는 한 김 식힌다.

2 ▷ 양배추, 청상추와 적겨자는 깨끗이 씻어 물기를 털어낸다.

▷ 양배추는 다진 다음 볼에 담고 밥, 아보카도오일 1작은술, 참깨 1작은술을 넣고 고슬고슬하게 섞는다.

3 볼에 달걀과 소금을 넣고 곱게 푼다. 예열한 팬에 식용유 1작은술을 두르고 키친타월로 가볍게 골고루 닦은 후 얇게 지단을 부친다. 부친 달걀지단은 한 김 식혀 돌돌 말아 곱게 채를 썬다.

4 당근은 껍질을 벗긴 후 깨끗하게 씻고 채를 썬다. 당근 채는 키친타월로 물기를 닦은 후 예열한 팬에 식용유 1작은술을 두르고 소금을 골고루 뿌려 약간 아삭한 정도로 볶는다.

5 분량의 키토소스 재료를 잘 섞는다. 김밥을 먹을 때 찍어 먹으면 된다.

김밥 말기

1 김 위에 양배추 밥을 김의 3/4 지점까지 펼쳐놓는다.

2 밥 위에 적겨자를 나란히 올린 후 그 위에 청상추도 나란히 얹는다. 그런 다음 준비한 불고기, 당근 채와 달걀 채를 차례로 올린 후 단단하게 돌돌 만다.

3 완성한 김밥은 너무 두껍지 않게 8등분으로 자르면 맛있게 먹을 수 있다. 접시에 자른 김밥을 담고 키토소스를 곁들인다.

- 불고기 양념장은 미리 만들어 냉장고에서 숙성시킨 후 사용하면 불고기 맛이 좋아집니다.
- 김을 말 때 물을 발라도 잘 붙지 않는 경우가 있는데, 이럴 때는 밥알 또는 약간 녹진한 슬라이스 치즈를 김 끝부분에 놓고 김밥을 말거나 녹말물을 김의 끝부분에 바르면 잘 붙어요. 녹말물은 작은 볼에 물 2큰술과 녹말가루(돼지감자·마·감자 등의 전분이나 찹쌀가루 등) 1작은술을 넣고 잘 섞어 전자레인지에서 30초~1분간 돌려주면 간단히 만들 수 있어요.

PLUS RECIPE

우리들의 원조 김밥 2

2 : 달걀말이 김밥

'달걀말이 김밥'은 흔히 넣는 김밥의 기본 재료를 살리는 대신 기장밥을 넣었어요. 알록달록 다섯 가지 재료는 다소 인공적인 맛이 날 수는 있지만, 누구나 실패 없이 달걀말이 김밥을 만들 수 있어요. 다만 흰쌀밥 대신 혈당에 도움이 되는 기장밥, 귀리밥, 흑미밥 등 잡곡밥으로 넣으면 좋아요.

- ☐ 김 1.5장

+ 저탄 밥

- ☐ 기장밥(현미 2 : 기장 2 : 귀리 1 비율) 100g
- ☐ 참기름 1작은술
- ☐ 소금 0.5g

+ 김밥 재료

- ☐ 햄 30g
- ☐ 맛살 25g
- ☐ 단무지 20g
- ☐ 볶은 당근 30g
- ☐ 시금치나물 30g

+ 시금치 무침 양념

- ☐ 데친 시금치 100g
- ☐ 소금 0.5g
- ☐ 참기름 1작은술
- ☐ 참깨 1작은술

+ 달걀지단

- ☐ 달걀 3개
- ☐ 아보카도오일 2작은술
- ☐ 소금 0.5g

김밥 재료 준비하기

1 고슬고슬하게 지은 기장밥에 밥 양념(참기름 1작은술, 소금 0.5g)을 넣고 골고루 섞으면서 한 김 식힌다.

2 ▷ 시금치는 밑동을 제거하고 누런 잎은 떼어내 깨끗하게 씻는다. 세척한 시금치는 약간의 소금을 넣은 끓는 물에 30초 정도 데쳐 찬물로 헹군 후 물기를 꼭 짠다.
▷ 볼에 데친 시금치와 무침 양념(소금 0.5g, 참기름 1작은술, 참깨 1작은술)을 넣고 조물조물 버무린다.

3 세척한 당근은 채를 썬 다음 예열한 팬에 식용유를 두르고 살짝 볶는다.

4 햄과 맛살은 길이 방향으로 채 썰고, 예열한 팬에 식용유를 조금 두르고 가볍게 굽는다.

5 ▷ 볼에 달걀과 소금을 넣고 푼다. 예열한 팬에 아보카도오일을 두르고 달걀물을 담아 약불에서 얇게 부친다. 이때 달걀물은 3회로 나눠 3장을 부친다.

▷ 부친 달걀지단은 한 김 식힌 후 한 장을 남겨두고 2장의 지단만 돌돌 말아 곱게 채 썰어 속 재료로 사용한다.

김밥 말기

1 김은 1.5장을 준비한다. 먼저 김 1장 위에 기장밥을 김의 3/4 지점까지 펼쳐놓는다.

2 밥 위에 남은 김 반장을 올린 후 준비한 속 재료를 모두 올려 단단하게 만다.

3 완성한 김밥을 달걀지단으로 한 번 더 감싸면서 돌돌 만다. 아니면 팬에 달걀물을 붓고 반 정도 익었을 때 김밥을 올려 달걀말이를 하듯 김밥을 달걀로 말면서 부쳐도 된다.

- 달걀말이 김밥은 두 가지 방법으로 만들 수 있어요. 하나는 달걀지단을 먼저 부친 다음 김밥을 마는 거예요. 이때 달걀지단은 얇아야 김밥에 잘 붙는데 약불에서 인내심을 가지고 최대한 지단을 얇게 부쳐야 해요. 또 다른 방법은 달걀지단을 부치면서 김밥을 함께 마는 것인데, 달걀물을 팬에 붓고 반 정도 익을 때쯤 달걀지단 위에 김밥을 올려 달걀말이를 하듯 돌돌 말면서 부치면 됩니다.
- 햄, 맛살, 당근, 달걀지단은 가늘게 채 썰어 넣어야 김밥을 잘랐을 때 단면이 더 예쁩니다.

Guide 샐러드 김밥 레시피의 샐러드 재료 분량은 조금 넉넉한 양이니 김밥 속 재료에 넣고 남은 샐러드는 김밥을 먹을 때 곁들여 먹으면 됩니다.

PART 2 Salad Gimbap

Low carb

채소의 식이섬유로 혈당과 에너지를 조율하라!

밥이 조금뿐인 샐러드 김밥

'식이섬유(食餌纖維, Dietary Fiber)'는 탄수화물의 한 종류로 '식이섬유소'나 '섬유질' 또는 '셀룰로스(Cellulose)'라고도 부른다. 식이섬유는 물에 녹는지 여부에 따라 수용성과 불용성으로 나뉘는데, 채소와 곡물 등 대다수 식재료는 두 성질을 모두 갖고 있는 경우가 많다. 다만 이들 고(高) 식이섬유 식재료는 수분 섭취가 매우 중요하다. 수분과 만날 때 부피가 증가하므로 수분을 보충하지 않으면 오히려 변비가 생길 수 있기 때문이다.

식이섬유의 특징은 장내 소화효소에 의해 분해되지 않는다는 것이다. 그런 이유로 과거에는 식이섬유의 영양적 가치를 중요하게 생각하지 않았다. 하지만 식이섬유를 적게 먹는 사람이 대장암이나 심장병, 당뇨 등 대사성 질환을 비롯한 만성질환에 더 많이 노출된다는 연구 결과가 발표되면서부터 식이섬유의 중요성이 높게 평가받기 시작했다. 현재는 식이섬유가 비만을 예방하는 동시에 혈당 관리에 도움을 준다는 연구가 차곡차곡 쌓이면서 우리 몸에 필요한, 꼭 먹어야 하는 영양소로 재평가된다.

특히 식이섬유가 식후 혈당 스파이크에 긍정적 작용을 하는 것이 밝혀지면서부터는 비정제 곡물과 채소의 섭취는 더욱 중요해졌다. 그뿐만 아니라 장 건강을 위한 유산균의 필요성이 대두면서부터는 장내 환경을 바꿀 유익균의 먹이가 되는 식이섬유는 우리 삶에 중요한 필수영양소가 되었다. 그럼에도 불구하고 아직까지 우리나라 성인의 하루 평균 식이섬유 섭취량은 12~14g 정도에 머문다고 한다. 하루 권장 섭취량이 20~25g인 점을 고려하면 50% 정도에 불과한 수준이다.

반면 아직까지 소수이기는 하지만 비만에 대한 극단적 불안감과 체중감량에 대한 인식의 변화로 인해 지나치게 고(高) 식이섬유 식사를 하는 등 오히려 독이 되는 경우가 발생하기도 한다. 그러므로 무조건적인 고(高) 식이섬유 식사는 지양해야 할 것이다. 지금보다 건강해지려는 노력이 특정 영양소와 식품에 대한 극단적 치우침으로 대치되어서는 안 되기 때문이다.

따라서 식이섬유의 가장 좋은 섭취 방법은 전체 먹는 음식 중 어떤 종류의 탄수화물을 얼마나 먹는지 고려해 다른 식재료의 종류와 섭취량을 적절히 배분하고 정하는 것이다. 또 곡물과 채소 등 종류에 따라 수용성과 불용성 식이섬유의 함량이 다르므로 되도록 다양하게 골고루 섭취하는 것이 가장 좋다. 이는 같은 식이섬유라고 하더라도 체내에서 작용하는 장점이 각각 다르기 때문이다. 그뿐만 아니라 식이섬유를 섭취하기 위한 목적으로 채소의 먹는 양을 늘리는 것은 되지만 전체 먹는 음식 중 채소가 차지하는 비율이 편중되지 않도록 유의하는 것이 좋다.

무엇보다 '식이섬유가 채소에만 존재하는 것'이라는 고정관념에서 벗어날 필요가 있다. 그래야만 편중된 고(高) 식이섬유 식사가 되지 않기 때문이다. 식이섬유는 채소뿐만 아니라 콩, 버섯, 해초, 통곡물, 씨앗류와 견과류, 과일 등에도 있다. 이들 식재료에는 식이섬유뿐만 아니라 비타민과 미네랄, 단백질, 지질 등도 함유되어 있다. 어느 날 견딜 수 없는 피로감을 느끼고 감정 조절이 잘 안되거나 소화불량과 잦은 복통, 설사 그리고 체중 관리가 잘 안 되는 문제에 직면하게 되면 먹는 음식의 종류를 반드시 점검해야 한다. 오히려 고(高) 식이섬유 식사가 독이 된 것은 아닌지 혹은 고단백과 고지방 등 특정 영양소에만 집중한 식사는 아니었는지 살펴야 한다.

두뇌를 재건하고 인체의 모든 시스템이 원활하게 가동되도록 밥상에 다양한 종류의 식재료를 올려놓는 것은 그 자체로 경이로운 일이다. 이는 곧 혈당 스파이크를 관리하는 최고의 시작이라 할 수 있고, 문제가 되는 증상을 치유하고 몸과 마음의 컨디션을 회복하는 가장 좋은 방법일 수 있다. 그러니 '혈당 관리'는 음식을 골고루 잘 먹는 것부터 시작해야 하며, 무엇을 얼마나 먹는가를 늘 고려해야 한다.

Choice 1
고소한 맛 샐러드 김밥

'샐러드 김밥'은 채소의 식이섬유와 항산화 작용이 혈당 스파이크에 도움 된다는 논점에서 출발한 레시피입니다. 그뿐만 아니라 채소의 비타민과 미네랄은 몸과 두뇌를 재건하고, 인체의 모든 것이 원활하게 작동하도록 하는 역할을 합니다. 이렇게 이로운 채소를 매일 한 끼 식사에 2가지 이상의 종류로 구성한다면 내 몸에는 반드시 긍정적인 변화가 일어날 것입니다.
'샐러드 김밥'은 마치 채소 샐러드를 먹는 듯한 기분을 느끼게 하는데, 실제로 샐러드만을 먹기가 부담스러울 때 도움을 줄 수 있는 레시피입니다. 먼저 고소한 맛부터 식단에 적용해 보세요.

Salad 1 : 주키니 후무스 김밥

돼지호박이라고도 부르는 '주키니'는 애호박보다 좀 더 크고 길쭉하며
익히지 않고 샐러드처럼 생으로 먹어도 괜찮습니다. 주키니는 올리브오일과
후추만으로 가볍게 양념하고, 아보카도는 '후무스'로 만들어 김밥 속에
듬뿍 짜 넣으면 고소한 맛의 샐러드 김밥을 만들 수 있어요.

- ☐ 김 1장

+ 밥 대신 : 양배추 밥 120g
- ☐ 다진 양배추 40g
- ☐ 밥 80g

+ 김밥 재료
- ☐ 주키니 100g
- ☐ 아보카도 후무스 80g
- ☐ 사각 조미 유부 20g (초밥용 2장)

+ 주키니 밑간 양념
- ☐ 올리브오일 1큰술
- ☐ 후추 톡톡톡

+ 후무스 재료와 양념
- ☐ 아보카도 1/2개
- ☐ 삶은 병아리콩 1.5큰술
- ☐ 올리브오일 1큰술
- ☐ 레몬즙 1작은술
- ☐ 참깨 1큰술
- ☐ 소금 1.5g
- ☐ 후추 톡톡톡

김밥 재료 준비하기

1 ▷ 물에 담가 7시간 정도 불린 병아리콩을 냄비에 담고 콩이 잠길 정도로 물을 붓는다.
▷ 강불에서 끓이다가 바글바글 끓으면 중약불로 줄여 부드럽게 삶아 찬물로 헹군다. 삶은 콩을 찬물에 담가 손으로 콩을 조물조물 문지르면서 껍질을 벗겨낸다.

▷ 1회 더 헹군 후 삶은 병아리콩 1.5큰술을 블렌더 용기에 담고 후무스 양념(올리브오일 1큰술, 레몬즙 1작은술, 참깨 1큰술, 소금 1.5g, 후추 약간)을 넣는다.

▷ 아보카도는 부드럽게 잘 익은 것을 선택해 수저로 과육만 블렌더 용기에 추가해 핸드 블렌더로 곱게 갈아 후무스를 만든다.

2 양배추는 깨끗하게 씻어 물기를 제거한 후 잘게 다진다. 다진 양배추와 밥을 섞어 양배추 밥을 준비한다.

3 주키니는 깨끗하게 씻어 물기를 닦아내고 필러로 얇게 저민 후 밑간 양념(올리브오일 1큰술, 후추 약간)을 해 재운다.

4 유부초밥용 사각 조미 유부를 준비해 유부의 양념 국물을 꼭 짠다. 만일 냉동 유부를 사용한다면 기름에 튀긴 상태이므로 끓는 물에 데친 후 물기를 꼭 짠다. 준비한 유부의 양 옆을 잘라 김 크기로 만든다.

김밥 말기

1 김발 위에 김을 깐 다음 김 위에 양배추 밥을 김의 3/4 지점까지 고르게 펼쳐 담는다.

2 유부는 양 옆을 잘라 김 크기로 펼친 후 양배추 밥 위에 나란히 깐다.

3 밑간한 주키니를 가지런히 차곡차곡 올린다.

4 부드럽게 간 후무스를 짤주머니에 담아 주키니 위에 넉넉하게 얹는다.

5 밥이 없는 김의 1/4 지점만 남겨두고 속 재료를 감싸면서 반을 접는다.

6 남겨둔 김 끝부분의 1/4 면에 물을 조금 발라 아래 방향으로 뚜껑을 덮듯 접는다.

7 끝부분을 꼭꼭 눌러 잘 붙인다.

8 김발을 이용해 끝부분을 한 번 더 꼭꼭 눌러 물방울 모양을 만들면서 단단하게 고정한다.

5

6

7

8

- 레시피에 사용한 사각 유부는 일반적인 유부보다 크기가 큰 것을 사용했어요. 김 크기에 맞춰 유부의 연결 부분을 잘라 펼치면 됩니다.
- 김이 잘 붙지 않을 때는 김밥 끝부분에 물을 살짝 바르거나 밥알 또는 녹말물을 바르면 잘 붙어요.

Salad 2 : 세발나물 샐러드 김밥

세발나물에 쫄깃한 꼬막살을 더해 샐러드처럼 무쳤어요. 세발나물 샐러드에 두부밥을 넣어 밥 버거 스타일로 만들어보세요. 고소하면서도 바다 향이 물씬 느껴지는 풍부한 맛이 마치 한국식 밥 버거 같은 김밥으로 완성됩니다.

- ☐ 김 1장

+ 밥 대신 : 두부 밥 160g
- ☐ 볶은 두부 100g(생두부 115g)
- ☐ 밥 60g

+ 밥 양념
- ☐ 다진 고추(맵지 않은 신선한 맛) 1큰술
- ☐ 들기름 1작은술
- ☐ 소금 0.5g

+ 김밥 재료
- ☐ 세발나물 샐러드 60~70g

+ 세발나물 샐러드 재료
- ☐ 삶은 꼬막살 70g
- ☐ 세발나물 30g

+ 세발나물 샐러드 무침 양념
- ☐ 다진 마늘 1작은술
- ☐ 다진 파 1작은술
- ☐ 다진 고추 1작은술
- ☐ 고춧가루 1작은술(생략 가능)
- ☐ 간장 1.5작은술
- ☐ 참기름 1작은술
- ☐ 참깨 1작은술

김밥 재료 준비하기

1 ▷ 용기에 꼬막과 약간의 소금을 희석한 물을 꼬막이 잠길 정도로 붓고 1~2시간 정도 담가둔다. 이때 빛을 완전히 차단할 수 있는 뚜껑이나 쟁반 등을 덮어 해감한다.

▷ 해감한 꼬막은 바락바락 치대면서 씻고 깨끗하게 헹군다.

▷ 끓는 물에 해감한 꼬막을 넣고 삶는다. 이때 꼬막살이 한쪽 껍질에 붙어 분리가 잘되도록 조리 수저를 이용해 한 방향으로 저으면서 데친다.

▷ 꼬막이 3~5개 정도 입을 벌리기 시작하면 불을 끄고 체에 밭쳐 물을 버리고 그대로 한 김 식힌다.

▷ 식힌 꼬막은 껍데기에서 살만 분리해 준비한다.

2 ▷ 세발나물은 2~3회 정도 깨끗하게 씻고 체에 담아 물기를 빼거나 탈수기를 이용해 물기를 제거한다. 씻은 세발나물은 5㎝ 정도 길이로 듬성듬성 자른다.

▷ 볼에 준비한 꼬막살과 세발나물을 담고 무침 양념을 넣어 조물조물 무친다.

3 ▷ 흐르는 물에 가볍게 씻은 다음 키친타월로 물기를 닦는다. 접시에 담아 전자레인지에서 2분 이내로 돌린 후 물은 버린다.

▷ 예열한 팬에 준비한 두부를 넣고 주걱 등을 이용해 으깬 다음 물기가 없도록 고슬고슬하게 중불에서 볶는다. 볼에 볶은 두부, 밥과 다진 고추 1큰술, 밥 양념(들기름 1작은술, 소금 0.5g)을 넣고 잘 섞으면서 한 김 식힌다.

김밥 접기

1 김의 한 가운데 두부 밥을 마름모 모양으로 올린다.

2 세발나물 샐러드를 두부 밥 위에 올린다.

3 다시 두부 밥을 올려 약간 누르면서 단단하게 마름모 모양으로 다듬는다.

4 서로 마주보는 김 모서리 양 끝부분을 두부 밥 가운데 지점으로 단단하게 감싼 다음 물(또는 밥알)을 발라 고정한다. 이때 물을 너무 많이 바르면 김이 풀어질 수 있다.

5 나머지 김 모서리 양 끝부분도 가운데 지점으로 고정한 다음 랩이나 유산지로 김밥 전체를 감싼다. 완성한 김밥은 버거처럼 반으로 자른다.

- 세발나물은 비타민과 미네랄, 식이섬유가 풍부합니다. 뛰어난 영양만큼이나 식감도 매력적이에요. 쓴맛이 나지 않고 간간해 생나물로 먹어도 좋지만, 살짝 데쳐 고소하게 무쳐도 맛있어요. 또 음식에 참기름만 넣기보다 오메가3가 풍부한 들기름을 추가하면 영양 면에서 훨씬 좋아요.
- 고추는 매운 청양고추로 사용해도 됩니다. 다만 개운한 맛을 원한다면 반을 갈라 씨를 제거한 다음 사용하면 너무 맵지 않고 개운하면서 깔끔한 정도의 매운맛이 납니다.
- 끓는 물에 찬물을 한 컵 부어 온도를 떨어뜨린 후 꼬막을 넣고 삶으면 꼬막살이 질기지 않고 부드러우면서 쫄깃해져요.

1
2
3
4
5

Salad 3 : 단호박 당근 라페 김밥

찐 단호박에 올리브와 아몬드를 넣고 샐러드처럼 만들었어요. 포만감 좋은 단호박 샐러드, 볶은 콜리플라워 밥, 상큼한 당근 라페, 아삭한 보라색 양배추 그리고 고소한 아보카도로 만든 김밥은 맛도 좋고 빛깔도 예뻐요.

- ☐ 김 1.5장

+ 밥 대신 : 콜리플라워 밥 100g

- ☐ 다져서 볶은 콜리플라워 50g
  (또는 냉동 콜리플라워 라이스 55g)
- ☐ 밥 50g

+ 밥 양념

- ☐ 참기름 1작은술
- ☐ 소금 1g

+ 김밥 재료

- ☐ 단호박 샐러드 50~80g
- ☐ 당근 라페 30~50g
- ☐ 아보카도 1/2개
- ☐ 보라색 양배추 50g

+ 단호박 샐러드 재료와 양념

- ☐ 찐 단호박 100g
- ☐ 올리브 5개
- ☐ 아몬드 슬라이스 2큰술

+ 당근 라페 재료와 양념

- ☐ 당근 40g
- ☐ 올리브오일 1작은술
- ☐ 레몬즙 1작은술
- ☐ 꿀 1작은술
- ☐ 씨겨자소스 1/2작은술
- ☐ 소금 1g
- ☐ 후추 톡톡톡

김밥 재료 준비하기

1 ▷ 단호박은 조심해서 반을 갈라 씨 등 속을 파내고 깨끗하게 씻은 후 전자레인지 용기에 담아 5~6분간 돌려 완전히 익히거나 찜기에 올려서 부드럽게 찐다.

▷ 찐 단호박은 수저로 과육만을 떠서 볼에 담아 곱게 으깨고 올리브는 다져서 넣는다. 아몬드 슬라이스를 넣은 후 골고루 잘 섞어 단호박 샐러드를 만든다.

2 보라색 양배추는 세척한 다음 곱게 채 썰어 1회 더 헹군 후 물기를 완전히 제거한다.

3 당근은 껍질을 벗긴 후 세척한다. 준비한 당근은 채를 썰어 볼에 담고 분량의 양념(올리브오일 1작은술, 레몬즙 1작은술, 꿀 1작은술, 씨겨자소스 1/2작은술, 소금 1g, 후추 약간)으로 버무려둔다. 김밥에 넣을 때는 물기를 꼭 짠 다음 사용한다.

4 ▷ 세척한 콜리플라워는 잘게 다진 다음 예열한 팬에 식용유를 두르지 않고 물기 없이 바짝 볶는다.

▷ 볼에 볶은 콜리플라워를 담고 밥 50g과 양념(참기름 1작은술, 소금 1g)을 넣어 섞으면서 한 김 식힌다.

5 아보카도는 껍질과 씨를 제거한 다음 과육만 사각 모양으로 깍둑썰기를 한다.

김밥 말기

1 김 1장 위에 준비한 콜리플라워 밥을 김의 5/6 지점까지 골고루 펼쳐 담는다. 김 반장을 더 준비해 콜리플라워 밥 위에 얹는다.

2 김 위에 단호박 샐러드와 보라색 양배추를 차례로 올린다. 그 위에 아보카도와 물기 짜낸 당근 라페를 얹은 후 김발을 이용해 단단하게 돌돌 만다.

1

2

- 딱딱한 단호박의 껍질을 벗기거나 자르기 어렵다면 부드럽게 익힌 후 과육만을 수저로 떠서 사용하세요. 이렇게 하면 손질하기 편합니다. 또 단호박 대신 고구마나 감자로 대체해도 됩니다.
- 당근 라페는 물기를 꼭 짠 다음 사용해야 김밥이 눅눅해지지 않아요.
- 콜리플라워를 잘게 다지는 대신 냉동 '콜리플라워 라이스'를 사용해도 됩니다.

Salad 4 : 누들 샐러드 김밥

메밀국수를 고소하게 버무려 밥 대신 넣은 '누들 샐러드 김밥'이에요.
채 썬 오이를 넣어 시원한 맛을 내고, 두부와 아보카도로 고소함을 더합니다.
면 음식이 먹고 싶어도 혈당으로 주저하게 될 때 먹기 좋은 레시피입니다.

- ☐ 김 1장

+ 밥 대신 : 누들 샐러드 80g

- ☐ 삶은 메밀국수 60~80g

+ 삶은 메밀국수 양념

- ☐ 간장(또는 쯔유) 1/2작은술
- ☐ 들기름 1작은술
- ☐ 참기름 1작은술

+ 김밥 재료

- ☐ 두부(단단한 두부) 40g
  (아보카도오일 1/2작은술)
- ☐ 아보카도 1/4개
- ☐ 오이 1/3~1/2개(크기에 따라)
- ☐ 꼬들 단무지(또는 무채 피클) 20g

김밥 재료 준비하기

1 ▷ 두부는 흐르는 물에 가볍게 헹궈 키친타월로 물기를 닦고 막대 모양으로 자른다.
▷ 예열한 팬에 아보카도오일 1/2작은술을 두르고 두부를 올려 돌려가며 노릇하게 부친다.

2 아보카도는 흐물흐물하게 완전히 익은 것보다는 약간 덜 익은 것을 준비해 껍질을 벗겨 사각 모양으로 깍둑썰기를 한다.

3 씻은 오이는 속을 도려낸 다음 채 썰고, 꼬들 단무지는 물기를 꼭 짜 낸다.

4 ▷ 메밀면은 끓는 물에 넣고 알맞게 삶아 찬물로 헹군 다음 체에 밭쳐 물기를 제거한다.
▷ 삶은 메밀국수에 양념(간장 1/2작은술, 들기름 1작은술, 참기름 1작은술)을 넣고 버무린다.

김밥 말기

1 김 위에 양념에 버무린 메밀국수를 김의 4/5 지점까지만 가지런히 펼쳐 담는다.

2 메밀국수 위에 준비한 두부, 오이채, 단무지, 아보카도를 차례로 모두 올려 단단하게 돌돌 만다.

1

2

- 삶은 메밀국수를 양념에 버무린 다음 볶아서 사용하면 좀 더 꼬들꼬들해져요. 또 볶은 국수는 한 김 식힌 다음 김에 올려야 김이 쭈글쭈글해지지 않아요.
- 쌀국수, 해초면, 에그 누들, 곤약면 등으로 대체해도 됩니다.
- 일반 단무지 대신 꼬들 단무지를 넣으면 김밥의 색다른 식감을 즐길 수 있어요. 또 꼬들 단무지 대신 무채 피클이나 오이지로 대체해도 됩니다. 만일 오이지를 사용할 경우에는 짠맛을 제거한 다음 사용하세요.

Choice 2
매콤한 맛 샐러드 김밥

하루 중 탄수화물은 식이섬유를 포함해 55~65%(35쪽)로 먹는 게 좋다고 합니다. 이러한 탄수화물 섭취 비율의 기준은 '한국인의 하루 필요 에너지 추정량'에 따라 정해져야 한다(보건복지부)고 합니다. 즉 자신이 자주 움직이고 하루 활동량이 많다면 65% 정도는 먹어야 하는 것이지요. 탄수화물이 부족하면 오히려 피로감을 더 쉽게 느낄 수 있고, 감정도 예민해질 수 있습니다. 하지만 저당·저탄수화물 식단을 해야만 하는 경우라면 10% 정도는 낮출 수 있습니다(45~55%). 또 섭취 비율을 낮추지 않고 55~65% 비율을 유지하되 탄수화물의 종류에 변화를 주면 됩니다. 이를테면 정제 탄수화물과 당류의 섭취는 줄이고 식이섬유와 비정제 탄수화물 위주로 먹는 것입니다. 그러니 식이섬유 식단을 위한 두 번째 샐러드 김밥, 매콤한 맛을 참고하세요. 매콤한 맛의 주재료는 혈당에 도움을 주는 고추와 채소, 그리고 밥을 어떻게 넣는지 탄수화물의 적절한 섭취 방법을 참고할 수 있습니다.

Salad 5 : 고추 샐러드 김밥

청양고추, 피망, 파프리카를 이국적인 맛의 소스로 버무린 '고추 샐러드 김밥'을 만들어보세요. 채소의 단맛과 매운맛이 공존하며 아삭아삭 씹히는 식감이 맛있어요. 특히 들고 먹는 재미가 있는 김밥이니 도시락 메뉴로도 추천합니다.

- ☐ 김 1장

+ 밥 대신 : 유부 밥 100g

- ☐ 유부 40g
  (냉동 유부를 데쳐서 물기 짠 양)
- ☐ 밥 60g

+ 밥 양념

- ☐ 다진 청양고추 1작은술
- ☐ 들기름 1작은술
- ☐ 소금 0.5g

+ 김밥 재료

- ☐ 고추 샐러드 110g
- ☐ 깻잎 2장

+ 고추 샐러드 재료

- ☐ 청양고추 10g
- ☐ 파프리카 40g
- ☐ 피망 20g
- ☐ 표고버섯 30g

+ 고추 샐러드 양념

- ☐ 다진 마늘 1/2작은술
- ☐ 피시소스 1작은술
- ☐ 스리라차소스 1작은술
- ☐ 올리고당 1작은술
- ☐ 라임즙 1작은술
- ☐ 후추 톡톡톡

김밥 재료 준비하기

1 ▷ 냉동 생유부는 끓는 물에 넣고 30초 정도 데친 후 흐르는 물에 헹군다. 데친 유부는 물기를 꼭 짠 다음 곱게 채 썬다.

▷ 볼에 채 썬 유부, 밥과 밥 양념(다진 청양고추 1작은술, 들기름 1작은술, 소금 0.5g)을 함께 넣고 골고루 섞어 유부 밥을 준비한다.

2 ▷ 표고버섯은 밑동 부분을 제거한 다음 흐르는 물에 씻어 키친타월로 물기를 닦는다.

▷ 세척한 표고버섯을 얇게 저민 후 예열한 팬에 기름 없이 표고버섯을 앞뒤로 노릇하게 굽는다. 구운 표고버섯은 접시에 펼쳐 담아 한 김 식힌다.

3 ▷ 피망과 파프리카는 꼭지와 속을 파내고 청양고추는 꼭지를 제거해 깨끗하게 씻은 후 물기를 닦는다.

▷ 청양고추는 길쭉하게 반을 갈라 얇고 어슷하게 썬다.

▷ 피망과 파프리카는 청양고추와 비슷한 길이와 두께로 채를 썬다.

▷ 볼에 준비한 표고버섯과 청양고추, 피망, 파프리카를 담고 샐러드 양념(다진 마늘 1/2작은술, 피시소스 1작은술, 스리라차소스 1작은술, 올리고당 1작은술, 라임즙 1작은술, 후추 약간)을 넣어 골고루 섞으면서 버무린다.

4 깻잎은 꼭지를 잘라내고 깨끗이 씻어 물기를 탈탈 턴 후 키친타월로 물기를 완전히 닦아낸다.

김밥 말기

1 김 위에 준비한 유부 밥을 가장자리 부분을 조금 남겨두고 4/5 지점까지 펼쳐서 깐다.

2 김의 1/2 지점에 깻잎의 꼭지 부분이 중앙으로 가도록 유부 밥 위에 나란히 올린다. 깻잎 위에 소스로 버무린 고추 샐러드를 듬뿍 올린 후 단단하게 돌돌 만다.

3 완성한 김밥을 유산지로 돌돌 말아 감싼 후 가운데를 대각선으로 자른다.

1

2

- 고추 샐러드 김밥은 한입 크기로 자른 것보다 통째로 들고 먹으면 더 맛있게 즐길 수 있어요.
- 피시소스(짠 맛과 감칠맛)와 스리라차소스(매운맛)는 무침이나 볶음 음식 등 다양하게 활용하기 좋아요. 단, 조금씩만 첨가하세요.
- 고수를 좋아한다면 고수를 추가하거나 셀러리 잎을 넣어도 맛있어요.

Salad 6 : 대파 샐러드 김밥

대파를 익히면 특유의 매운맛이 감쪽같이 사라져 마치 다른 채소가 된 것처럼 부드럽고 달콤한 맛으로 변합니다. 이렇게 천연의 단맛을 즐길 수 있는 대파를 매콤한 한국식 양념으로 버무린 '대파 샐러드'를 김밥 속 재료로 넣어보세요.

- [ ] 김 1장

+ 밥 대신 : 두부 밥 160g
- [ ] 볶은 두부 100g(생두부 115g)
- [ ] 밥 60g

+ 밥 양념
- [ ] 다진 청양고추 1큰술
- [ ] 참기름 1.5작은술
- [ ] 들기름 1.5작은술
- [ ] 소금 0.5g

+ 김밥 재료
- [ ] 대파 샐러드 60~70g
- [ ] 당귀잎 30g

+ 대파 샐러드 재료
- [ ] 대파(흰 부분) 9㎝ 길이 2개
- [ ] 새송이버섯(흰 부분) 1개

+ 대파 샐러드 양념
- [ ] 다진 청양고추 1작은술
- [ ] 다진 마늘 1/2작은술
- [ ] 매운 고춧가루 1작은술
- [ ] 액젓 1작은술
- [ ] 식초 1작은술
- [ ] 올리고당 1작은술
- [ ] 참기름 1작은술

김밥 재료 준비하기

1 당귀잎은 깨끗이 씻은 후 채소 탈수기나 키친타월로 물기를 완전히 제거한다.

2 ▷ 대파와 새송이버섯은 씻은 후 키친타월로 물기를 닦는다. 대파는 5㎝ 길이로 자른 다음 각각 길이로 반을 자르고, 새송이버섯은 대파와 비슷한 모양으로 썬다.

▷ 예열한 팬에 대파와 새송이버섯을 기름 없이 앞뒤로 노릇하게 굽고 한 김 식힌다.

▷ 볼에 구운 대파와 새송이버섯을 담고 양념(다진 청양고추 1작은술, 다진 마늘 1/2작은술, 매운 고춧가루 1작은술, 액젓 1작은술, 식초 1작은술, 올리고당 1작은술, 참기름 1작은술)을 넣어 골고루 버무린다.

3 ▷ 두부는 흐르는 물에 가볍게 한 번 헹군 다음 전자레인지에서 1분~1분 30초 정도 돌린다. 두부에서 빠져나온 물은 버리고, 두부만 팬에 담는다.

▷ 넓은 주걱 등으로 으깬 다음 물기가 없도록 고슬고슬하게 중불에서 볶는다.

▷ 볼에 볶은 두부, 밥과 밥 양념(다진 청양고추 1큰술, 참기름 1.5작은술, 들기름 1.5작은술, 소금 0.5g)을 넣고 잘 섞으면서 한 김 식힌다.

김밥 말기

---

1 김 위에 두부 밥을 김의 4/5 지점까지 고르게 펼치면서 꼭꼭 눌러 담는다.

2 두부 밥 위에 물기를 제거한 당귀잎을 듬뿍 얹는다.

3 매콤하게 버무린 대파 샐러드를 당귀잎의 가운데에 올리고 김으로 단단하게 돌돌 만다.

1

2

- 당귀잎은 '여성용 인삼'이라고 불릴 정도로 여성 질환 등에 도움을 주는 건강한 식재료에요. 다만 향이 강한 편이므로 특유의 향을 싫어한다면 좋아하는 다른 채소로 대체하세요. 향이 있는 채소를 넣으면 훨씬 특색 있는 김밥이 됩니다.
- 대파와 새송이버섯을 구우면 약간의 불맛과 좀 더 쫄깃한 식감을 누릴 수 있고, 굽는 대신 찌거나 끓는 물에 살짝 데쳐서 사용하면 좀 더 부드럽게 즐길 수 있어요.

3

부추에는 식이섬유, 비타민 A와 C가 함유되어 있고, 비타민 B군의
흡수율을 높여 피로 회복의 효과를 누릴 수 있으며 무엇보다 항산화 작용이
탁월한 채소입니다. 이러한 부추를 동의보감에서는 '간(肝)의 채소'라 했고,
본초강목에는 도한(盜汗, 식은땀)을 다스리고 소갈(消渴, 당뇨병)을
그치게 한다고 기록되어 있습니다.

Salad 7 : 부추 샐러드 김밥

혈당 관리에 좋은 부추, 청양고추, 적양파로 향긋한 샐러드를 만들어요.
부추 샐러드에 발사믹 식초로만 조린 2가지 버섯과 알싸한 고추냉이잎을 더하면
색다르게 매운 김밥이 됩니다. 또 은은하게 퍼지는 들기름 향이 매력적입니다.

- [ ] 김 1장

+ 밥 대신 : 콜리플라워 밥 100g
- [ ] 볶은 콜리플라워 50g
  (냉동 콜리플라워 55g)
- [ ] 밥 50g

+ 밥 양념
- [ ] 다진 청양고추 1작은술
- [ ] 들기름 1작은술
- [ ] 소금 0.5g

+ 김밥 재료
- [ ] 부추 샐러드 40~50g
- [ ] 버섯조림 50g
- [ ] 고추냉이잎 2장

+ 부추 샐러드 재료와 양념
- [ ] 부추 30g
- [ ] 적양파 15g
- [ ] 청양고추 10g
- [ ] 올리브오일 1작은술

+ 버섯조림 재료와 양념
- [ ] 애느타리버섯 70g
- [ ] 새송이버섯(흰 부분) 30g
- [ ] 발사믹 식초 1큰술

김밥 재료 준비하기

1 고추냉이잎은 깨끗이 씻은 후 물기를 탈탈 털고 키친타월로 물기를 완전히 닦는다.

2 ▷ 애느타리버섯은 밑동을 자른 다음 흐르는 물에 가볍게 헹궈 키친타월로 물기를 닦는다. 새송이버섯은 씻어 물기를 닦고 길쭉하게 애느타리버섯과 비슷하게 자른다.
▷ 예열한 팬에 준비한 버섯 2가지를 담고 노릇하게 수분을 날리면서 바짝 구운 후 발사믹 식초를 넣고 약불에서 뭉근하게 조린다.

3 ▷ 콜리플라워는 깨끗하게 씻어 잘게 다진 다음 예열한 팬에 식용유를 두르지 않고 볶는다. 이때 냉동 콜리플라워 라이스를 사용할 경우는 물기가 없어질 때까지 중불에서 바짝 볶는다.

※ 시판 제품인 냉동 콜리플라워 라이스는 모양과 크기, 색깔이 마치 흰쌀밥과 같은 느낌이라 밥 대신 활용하기 좋다.

▷ 볼에 볶은 콜리플라워를 담고 밥과 양념(다진 청양고추 1작은술, 들기름 1작은술, 소금 0.5g)을 넣어 섞으면서 한 김 식힌다.

4 ▷ 부추, 적양파, 청양고추는 깨끗하게 씻어 물기를 완전히 제거한다.

▷ 부추는 5㎝ 길이로 자르고, 적양파는 얇게 썬다. 청양고추는 길이로 반을 갈라 속을 완전히 제거한 다음 채를 썬다.

▷ 볼에 준비한 부추, 적양파, 청양고추를 담고 올리브오일 1작은술을 넣어 살살 버무린다.

김밥 말기

1 김 위에 콜리플라워 밥을 김의 4/5 지점까지 넓게 펼쳐 깐다.

2 물기를 완전히 제거한 고추냉이잎 2장을 나란히 얹는다.

3 고추냉이잎 위에 버섯조림과 부추 샐러드를 올리고 단단하게 돌돌 만다.

식이섬유와 아미노산이 풍부한 참나물은 삶은 닭가슴살과 돼지고기와도 잘 어울려요. 삶은 닭가슴살을 결대로 손으로 쭉쭉 찢어 참나물 샐러드를 버무릴 때 넣어보세요. 향긋한 닭가슴살 샐러드가 됩니다.

Salad 8 : 참나물 샐러드 김밥

매운 청양고추와 양파, 상큼한 사과와 오이로 만든 참나물 샐러드에 쫄깃한 팽이버섯 밥과 찐 양배추를 곁들이니 마치 이른 아침 청량한 여름 숲의 시원함을 김밥 한 줄에 그대로 담은 듯합니다.

- [ ] 김 1장

+ 밥 대신 : 팽이버섯 밥 160g
- [ ] 볶은 팽이버섯 80g
- [ ] 밥 80g

+ 밥 양념
- [ ] 다진 청양고추 1작은술
- [ ] 참기름 1작은술
- [ ] 소금 0.5g

+ 김밥 재료
- [ ] 참나물 샐러드 70~90g
- [ ] 찐 양배추 40g

+ 참나물 샐러드 재료
- [ ] 참나물 20g
- [ ] 청양고추 10g
- [ ] 적양파 30g
- [ ] 사과 30g
- [ ] 오이 30g

+ 참나물 샐러드 양념
- [ ] 씨겨자소스 2작은술
- [ ] 간장 1큰술
- [ ] 올리브오일 1/2큰술
- [ ] 식초 1큰술
- [ ] 꿀 1작은술(생략 가능)

김밥 재료 준비하기

1 ▷ 팽이버섯은 씻은 후 밥알과 잘 어우러지도록 잘게 썬다. 예열한 팬에 기름을 살짝 두르고 팽이버섯을 담아 강불에서 숨이 죽을 때까지 수분을 날리면서 빠르게 볶는다.

▷ 볼에 볶은 팽이버섯과 밥을 담고, 준비한 밥 양념(다진 청양고추 1작은술, 참기름 1작은술, 소금 0.5g)을 넣어 골고루 잘 섞으면서 한 김 식힌다.

2 양배추는 깨끗이 씻어 전자레인지 전용 찜기에 담아 약간의 물을 넣고 전자레인지에서 2~3분간 익힌 후 식힌다.

3 ▷ 참나물은 깨끗이 씻어 물기를 완전히 제거한 다음 5㎝ 길이로 자른다.

▷ 양파는 얇게 썰고, 청양고추는 길이로 반을 갈라 속을 제거한 다음 채를 썬다.

▷ 사과와 오이는 깨끗하게 씻어 껍질째 5㎝ 길이로 채 썬다.

▷ 볼에 준비한 참나물, 양파, 청양고추, 사과, 오이를 모두 담고, 분량의 양념(씨겨자소스 2작은술, 간장 1큰술, 올리브오일 1/2큰술, 식초 1큰술, 꿀 1작은술)을 넣어 골고루 버무린다.

※ 씨겨자소스 대신 씨겨자소스(홀그레인 머스터드) 1작은술과 연겨자소스(디종 머스터드) 1작은술을 섞어도 된다. 또 채소를 양념으로 버무리면 채소의 숨이 죽으면서 물이 생길 수 있으므로 김밥을 말기 직전에 만들어야 국물이 생기지 않는다.

김밥 말기

1 김 위에 팽이버섯 밥을 김의 4/5 지점까지 넓게 펼치면서 꼭꼭 눌러 담는다.

2 팽이버섯 밥 위에 찐 양배추를 넓게 가지런히 올린다.

3 참나물 샐러드를 양배추 위에 듬뿍 올린 후 단단하게 돌돌 만다. 만일 참나물 샐러드에 수분이 생기면 채소만 건져 김밥에 넣는다.

한 가지 채소 잡곡 김밥

채소 한 가지만으로도 충분히 맛있게 저탄 김밥을 만들 수 있어요. 채소 한 가지로 식감과 맛을 잘 살리려면 채소와 잘 어울리는 양념이 필요하며, 한 가지 채소에 잘 어울리는 잡곡밥도 중요합니다. 이름처럼 채소 한 가지에만 집중을 하니 만드는 방법도 복잡하지 않고 간단합니다. 이러한 조건을 모두 충족하는 '한 가지 채소 잡곡 김밥'은 누구나 좋아할 만한 레시피입니다.

▶ 흰쌀밥 대신 채소와 가장 잘 어울리는 잡곡밥을 레시피별로 제시합니다.
▶ 혈당 관리를 위해 잡곡밥에는 좋은 지방 섭취를 위한 기름 한 가지씩을 더합니다.
▶ 한 가지 채소에 집중할 수 있도록 그 채소의 식감과 맛을 돋우는 비법 양념을 제시합니다.
▶ 한 가지 채소 잡곡 김밥을 먹을 때 영양 균형이 잡힌 샐러드 한 접시를 곁들이면 더 좋아요.

1 : 콩나물 현미 김밥

'콩나물'은 아주 오랜 시간 동안 우리와 함께한 채소예요. 콩나물은 의외로 맛을 내기가 쉽지는 않아요. 하지만 짭조름한 간장 양념과 잘 어울리는 점을 활용하고 특유의 아삭함을 살린다면 맛있게 콩나물 음식을 만들 수 있어요.

+ 김밥 재료

- ☐ 김 1장
- ☐ 현미밥 110g
- ☐ 콩나물 조림 100g

+ 밥 양념

- ☐ 들기름 1작은술
- ☐ 소금 0.5g

+ 한 가지 채소와 양념

- ☐ 콩나물 290g
- ☐ 다진 마늘 1작은술
- ☐ 간장 1큰술
- ☐ 올리고당 1작은술
- ☐ 참기름 1작은술
- ☐ 참깨 1작은술

한 가지 채소 준비하기

1 ▷ 콩나물은 지저분한 부분과 콩 껍질 및 변색된 콩 부분을 제거한다.
▷ 손질한 콩나물을 2~3회 정도 말끔하게 헹군 후 체에 밭쳐 물기를 뺀다.

2 ▷ 냄비에 씻은 콩나물과 물 50㎖(소주컵으로 1컵 정도)를 넣고 뚜껑을 덮어 2분 정도 아삭하게 찌듯이 익힌다.
▷ 콩나물이 어느 정도 익으면 준비한 양념(다진 마늘 1작은술, 간장 1큰술, 올리고당 1작은술, 참기름 1작은술, 참깨 1작은술)을 모두 넣고 잘 섞은 다음 타지 않게 저으면서 양념이 잘 배도록 국물을 바짝 조린다.
▷ 완성한 콩나물 조림은 접시에 펼쳐 담아 한 김 식힌다.

PLUS RECIPE

한 가지 채소 고소한 맛 김밥 1

- 콩나물은 비린 맛이 나지 않게 익히는 것이 중요해요. 처음부터 뚜껑을 열지 않고 2~3분 정도 비린 냄새가 나지 않을 때까지 익혀주세요.
- 콩나물을 조릴 때 고춧가루를 넣고 매콤하게 만들어도 좋아요. 또는 멸치가루 1/2작은술이나 손질한 멸치 한 줌 정도를 넣고 감칠맛 나게 만들어도 맛있어요.
- 김밥을 먹을 때 콩나물 조림을 김밥 위에 올려 먹으면 더 맛있어요.

밥 준비하기

1 '현미밥'은 현미와 찰현미를 같은 비율로 밥을 짓는다. 현미와 찰현미를 여러 번 씻은 다음 먼저 30분 정도 불리고 그 물을 버린다. 이렇게 하면 수용성의 퓨린 성분을 제거할 수 있다. 다시 밥물을 잡아 2시간 정도 불린 후 밥을 짓는다.

2 갓 지은 현미밥은 살살 저으면서 한 김 식힌 후 현미밥 110g에 소금 0.5g, 들기름 1작은술을 넣고 잘 섞는다.

김밥 말기

1 김을 깔고 김의 가장자리에 1㎝ 정도만 남겨두고 양념한 현미밥을 김의 4/5 지점까지 고르게 펼치면서 담는다.

2 현미밥 위에 식힌 콩나물 조림을 듬뿍 올리고 단단하게 돌돌 만다.

1

2

PLUS
RECIPE

한 가지 채소
매콤한 맛 김밥
2

귀리는 식물성 단백질과 필수 아미노산, 칼슘, 식이섬유 등 영양소가 풍부하며,
혈당 스파이크에 도움을 주는 대표적인 곡물입니다.

2 : 꼬시래기 귀리 김밥

귀리밥과 꼬들꼬들한 식감의 '꼬시래기'는 혈당 관리에 도움을 줍니다.
감칠맛 좋은 액젓 양념으로 짜지 않게 버무린 꼬시래기를 넣고 김밥을 말아보세요.
상상과는 달리 뻔하지 않고 먹을수록 중독적인 마성의 김밥입니다.

+ 김밥 재료

- ☐ 김 1장
- ☐ 귀리밥 100g
- ☐ 꼬시래기 무침 70~80g

+ 밥 양념

- ☐ 참기름 1/2작은술 + 들기름 1/2작은술
- ☐ 소금 0.5g

+ 한 가지 채소와 양념

- ☐ 손질한 꼬시래기 100g
- ☐ 청양고추 1~2개(기호에 맞게 수량 조절)
- ☐ 다진 마늘 1작은술
- ☐ 고춧가루 1작은술
- ☐ 액젓 1작은술
- ☐ 올리고당 1/3작은술
- ☐ 참깨 1작은술

한 가지 채소 준비하기

1 ▷ 먼저 염장 꼬시래기는 흐르는 물에 씻어 소금기를 덜어낸 다음 볼에 담아 2~3회 헹궈 짠맛을 제거한다.

▷ 세척한 꼬시래기를 볼에 담고 꼬시래기가 충분히 잠길 정도로 찬물을 붓는다.

▷ 30분~1시간 정도 물에 담가두고 남은 짠맛을 마저 뺀 다음 끓는 물에 꼬시래기를 넣고 30초 정도 가볍게 데친다.

▷ 데친 꼬시래기는 빠르게 찬물로 헹군 다음 물기를 꼭 짜내고, 준비한 꼬시래기를 듬성듬성 자른다.

2 ▷ 청양고추는 꼭지를 제거해 깨끗하게 씻은 다음 키친타월로 물기를 닦는다.

▷ 준비한 청양고추를 길이로 반을 갈라 잘게 다진다.

3 볼에 손질한 꼬시래기와 다진 청양고추를 담고 무침 양념(다진 마늘 1작은술, 고춧가루 1작은술, 액젓 1작은술, 올리고당 1/3작은술, 참깨 1작은술)을 넣어 조물조물 무친다.

밥 준비하기

1 '귀리밥'을 지을 때 현미(또는 백미)와 귀리의 비율은 6:4 또는 7:3이 적당하다. 귀리와 현미는 2회 정도 먼저 헹군 다음 1시간 정도 불리고 그 물을 버린다. 2~3회 더 씻은 다음 밥물을 잡아 1시간 정도 더 불린 다음 밥을 짓는다.
※ 이때 백미를 섞는다면 먼저 귀리만 따로 씻어 물에 담가 불린 후 그 물은 버린다. 그런 다음 백미를 추가해 씻은 후 밥물을 잡아 30분간 불린 후 밥을 지으면 된다.

2 고슬고슬하게 지은 귀리밥에 소금 0.5g, 참기름 1/2작은술과 들기름 1/2작은술을 넣고 골고루 섞으면서 한 김 식힌다.

김밥 말기

1 김을 깔고 김의 가장자리에 1㎝ 정도만 남겨두고 양념한 귀리밥을 김의 4/5 지점까지 김 위에 고르게 펼쳐 담는다.

2 분량의 양념에 버무린 꼬시래기는 물기를 꼭 짠 다음 귀리밥 위에 듬뿍 올리고 단단하게 돌돌 만다.

1

2

- 염장 해초는 손질할 때 짠맛을 완전히 제거하는 게 중요해요. 짠 기운을 제거한 꼬시래기 대신 채 썬 다시마나 톳나물 등을 동일한 레시피로 무쳐 김밥에 넣어도 맛있어요.
- 양념에 버무린 꼬시래기는 양념 국물이 흥건하게 생기므로 김밥을 말 때는 반드시 물기를 꼭 짠 다음 김밥에 넣어주세요.

3 : 깻잎 찰기장 김밥

별다른 양념을 하지 않고 오롯이 깻잎만 넣고 싼 김밥이지만 어떤 맛을 상상하든 기대 이상이에요. 재료 본연의 맛이 주는 즐거움은 어떤 조미료, 양념과도 비교할 수 없습니다. 깻잎은 향이 강한 채소이지만 기장밥을 넣고 김밥으로 먹으면 그 향이 부드럽게 중화되어 향긋한 매력만 남아요.

+ 김밥 재료

☐ 김 1장
☐ 기장밥 110g
☐ 깻잎 채 30g

+ 밥 양념

☐ 들기름 1작은술
☐ 소금 0.5g

+ 한 가지 채소와 양념

☐ 깻잎 30g

한 가지 채소 준비하기

1 ▷ 깻잎은 꼭지를 제거하고 약간의 식초를 희석한 식초 물에 5분 정도 담가둔다.
▷ 흐르는 물에 깻잎 2장의 뒷면을 살살 비비면서 닦는다.

2 깨끗이 씻은 깻잎은 물기를 털어내고 돌돌 말아 5㎜ 폭으로 채를 썬다.
※ 더욱 고소한 맛을 원한다면 채 썬 깻잎에 들깨가루 또는 들기름 1작은술을 넣고 살살 버무려 김밥에 넣으면 된다.

- 깻잎은 2장으로 뒷면을 살살 비벼가며 씻어야 잔털에 붙은 이물질을 제거할 수 있어요. 또 식초 물에 5분간 담그고 흐르는 물에 씻어내면 농약 성분을 효과적으로 제거할 수 있습니다.
- 깻잎만 넣어도 의외로 맛있지만 채 썬 깻잎을 들깨가루로 살살 버무려 넣으면 풋내가 나지 않고 고소해서 더 맛있어요. 또 채 썬 깻잎 대신 깻잎을 통째로 밥 위에 올려 돌돌 말아도 됩니다.

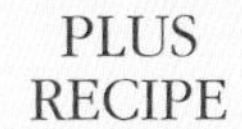

한 가지 채소 고소한 맛 김밥 3

철분과 칼슘이 풍부한 '깻잎'은 면역력에 도움을 준다고 알려져 있습니다.
최근에는 눈 질환과 암 세포 증식 억제에도 좋다는 연구 결과가 있습니다.
한의학에서는 소화촉진 약재로 쓰였다고 하는데, 이처럼
깻잎은 '식탁 위의 명약'으로 부를 만한 가치가 충분한 채소입니다.

밥 준비하기

1 '기장밥'을 지을 때 기장과 현미를 섞는데 비율은 5:5 또는 4:6이 적당하다. 먼저 현미와 기장은 여러 번 씻은 다음 밥물을 잡고 30분~1시간 정도 불린 후 밥을 짓는다.
※ 이때 현미 대신 현미 6 : 찰현미 2 : 귀리 2 비율로 섞어도 좋다.

2 고슬고슬하게 지은 기장밥을 한 김 식힌 다음 소금 0.5g과 들기름 1작은술을 넣고 주걱을 세워 밥알이 으깨지지 않도록 골고루 섞는다.

김밥 말기

1 김을 깔고 김의 가장자리 1㎝ 정도만 남겨두고 양념 한 기장밥을 김의 4/5 지점까지 고르게 펼쳐 밥을 약간 눌러 담는다.

2 기장밥 가운데에 채 썬 깻잎을 듬뿍 올린 후 단단하게 돌돌 만다.

1

2

한 가지 채소 상큼한 맛 김밥 4

빨간 무, '비트'는 세포 손상을 방어하고 염증을 완화하는 데 도움이 됩니다.
채소 중에서도 가장 손꼽는 항산화 작용이 탁월한 혈당 제어 채소입니다.

4 : 비트 현미 김밥

지중해 식단을 대표하고 혈관 청소부로 알려진 '비트'는 색감이 예쁘고 식감이 아삭아삭한 것이 특징이에요. 주로 샐러드 재료로 알려져 샐러드가 아닌 다른 음식으로 만들기가 쉽지 않아 늘 고민이 됩니다. 그럴 때 입안 가득 상큼함을 주는 김밥을 만들어보세요.

+ 김밥 재료

- ☐ 김 1장
- ☐ 현미밥 110g
- ☐ 비트 무침 80~100g

+ 밥 양념

- ☐ 올리브오일 1작은술
- ☐ 소금 0.5g

+ 한 가지 채소와 양념

- ☐ 손질한 비트 100g
- ☐ 올리브오일 1작은술
- ☐ 식초 1큰술
- ☐ 꿀 1작은술(생략 가능)
- ☐ 소금 0.5g
- ☐ 후추 톡톡톡

한 가지 채소 준비하기

1 ▷ 먼저 흐르는 물에 비트 겉면에 묻은 흙을 가볍게 씻어낸다.

▷ 주방용 장갑 등을 끼고 필러로 비트 껍질을 깎아낸 다음 흐르는 물에 한 번 더 씻는다.

2 ▷ 씻은 비트는 키친타월로 물기를 닦아내고 채칼을 이용해 곱게 채 썬다.

▷ 볼에 채 썬 비트와 분량의 양념(올리브오일 1작은술, 식초 1큰술, 꿀 1작은술, 소금 0.5g, 후추 약간)을 넣고 새콤하게 솔솔 버무린다.

- 강렬한 붉은 빛의 비트는 색이 강해 옷과 손, 조리도구에 착색되기 쉬워요. 그러니 비트를 손질할 때는 꼭 조리용 장갑과 앞치마를 착장하도록 합니다.
- 비트를 채 썰 때는 쉽게 손을 다칠 수 있으므로 되도록이면 채칼을 이용하는 게 안전합니다.

밥 준비하기

1 '현미밥'은 현미와 찰현미를 같은 비율로 밥을 짓는다. 현미와 찰현미를 여러 번 씻은 다음 먼저 30분 정도 불리고 그 물을 버린다. 다시 밥물을 잡아 2시간 정도 불린 후 밥을 짓는다.

2 갓 지은 현미밥은 살살 저으면서 한 김 식힌 후 현미밥 110g에 소금 0.5g과 올리브오일 1작은술을 넣고 잘 섞는다.

김밥 말기

1 김을 깔고 김의 가장자리에 1㎝ 정도만 남겨두고 양념한 현미밥을 김의 4/5 지점까지 김 위에 고르게 펼쳐 담는다.

2 분량의 양념에 버무린 비트는 물기를 꼭 짠 다음 현미밥 위에 듬뿍 올리고 단단하게 돌돌 만다.

1

2

5 : 궁채 흑미 김밥

궁채는 주로 말린 것을 구입해 물에 충분히 불려서 나물로 볶아 먹는데 줄기상추, 뚱채나물, 황채 등 다양한 이름으로 불리는 채소예요. 들깨가루 양념으로 고소하게 볶은 궁채나물을 김밥으로 말면 오독오독 씹는 식감이 참 좋아요.

+ 김밥 재료
- ☐ 김 1장
- ☐ 흑미밥 110g
- ☐ 궁채나물 100g

+ 밥 양념
- ☐ 참기름 1작은술
- ☐ 소금 0.5g

+ 한 가지 채소와 양념
- ☐ 불린 궁채 300g
- ☐ 다진 마늘 1/2큰술
- ☐ 간장 1큰술
- ☐ 멸치액젓 1/2작은술
- ☐ 들깨가루 2큰술
- ☐ 들기름 1/2큰술, 참기름 1/2큰술
- ☐ 올리고당 1작은술
- ☐ 생수 120㎖
(또는 멸치육수, 다시마 우린 물)

한 가지 채소 준비하기

1 궁채는 말린 것으로 준비해 5시간 정도 찬물에 담가 충분히 불린다. 불린 궁채는 흐르는 물에 손으로 쓸어내리면서 깨끗이 씻어 물기를 꼭 짠다.

2 ▷ 준비한 궁채를 5㎝ 정도 크기로 듬성듬성 자른다.
▷ 팬에 궁채를 담고 양념(다진 마늘 1/2큰술, 간장 1큰술, 멸치액젓 1/2작은술, 들기름 1큰술, 올리고당 1/2큰술)을 넣어 조물조물 무친다.

3 ▷ 양념으로 버무린 궁채를 중불에서 5분 정도 충분히 볶다가 생수 120㎖(또는 멸치육수, 다시마 우린 물)를 넣고 자글자글 끓인다.
▷ 국물이 끓어오르면 들깨가루를 2큰술을 넣고 양념이 자작해질 때까지 약불에서 조린 다음 한 김 식힌다. 입맛에 따라 부족한 간은 마지막에 소금으로 맞춘다.

PLUS
RECIPE

한 가지 채소 고소한 맛 김밥 5

검은 진주, '흑미'는 항암·항염증·항궤양에 도움이 됩니다.
곡물 중 안토시아닌이 가장 풍부해 항산화 작용이 뛰어난 흑미는
혈당 스파이크를 예방하는 대표적인 저속노화 곡물입니다.

밥 준비하기

1 '흑미밥'은 흑미만으로 밥을 지어도 되지만 흑미와 현미(또는 찰현미)를 7:3 비율로 섞어도 된다. 흑미를 여러 번 씻은 다음 30분 정도 불리고 그 물을 버린다. 다시 밥물을 잡아 2시간 정도 불린 후 밥을 짓는다.

2 고슬고슬하게 지은 흑미밥을 살살 저으면서 한 김 식힌 후 흑미밥 110g에 소금 0.5g과 참기름 1작은술을 넣고 골고루 섞는다.

김밥 말기

1 김을 깔고 김의 가장자리에 1㎝ 정도만 남겨두고 김의 4/5 지점까지 양념한 흑미밥을 김 위에 고르게 펼쳐 담는다.

2 볶은 궁채나물의 물기를 꼭 짠 다음 흑미밥 위에 듬뿍 올리고 단단하게 돌돌 만다.

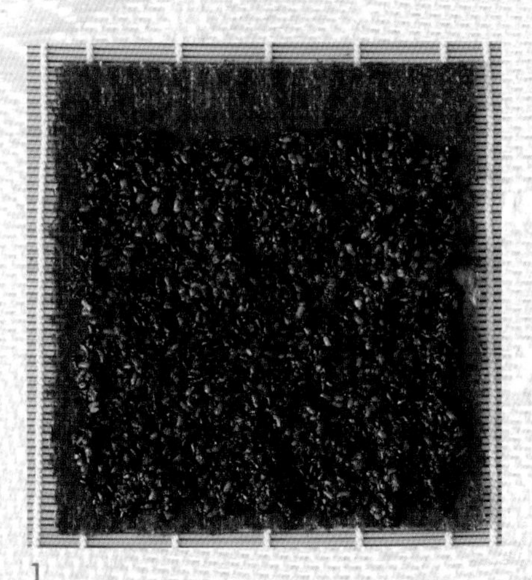

1

2

- 궁채는 볶을 때 고슬고슬하게 바짝 조리면 김밥 말기가 편하지만 만일 넉넉하게 만들어 나물 반찬으로도 먹으려면 자작하게 조리는 게 좋아요. 대신 김밥 말 때는 양념 국물을 꼭 짠 다음 말아야 해요.
- 궁채를 새콤달콤한 간장 양념으로 장아찌를 담가 단무지 대신 넣어도 굉장히 잘 어울립니다. 간장, 생수, 식초, 설탕을 1:1:1:0.8의 비율로 섞은 장아찌 양념을 바글바글 끓인 후 준비한 궁채에 부어 장아찌를 담가보세요.

Choice 3
상큼한 맛 샐러드 김밥

저탄수화물 식단이라고 해서 탄수화물을 적게 먹으라는 의미는 아닙니다.
탄수화물의 종류에 따라 줄이거나 늘려야 한다는 것이지요. 또 탄수화물을
너무 적은 양으로 먹는 것은 어려운 일입니다. 우리가 먹는 음식의 많은
부분을 차지하기 때문입니다. 다만 우리는 어떤 음식에 따라 단절과 지속을
선택할 수는 있습니다. 그것은 직접 음식을 만들다보면 더 확연해집니다.
즉, 혈당 관리에 도움을 주는 식재료를 다양하게 많이 알아두고
친근해질수록 탄수화물 섭취를 제대로 잘할 수 있다는 의미입니다.
채소의 맛을 가장 잘 살리고 혈당에 도움 되도록 구현한 '상큼한 맛의
샐러드 김밥'을 적극 활용해 보세요.

Salad 9 : 양배추 샐러드 김밥

양배추에 찰떡궁합인 사과와 당근, 케일로 만든 상큼한 맛의 샐러드 김밥이에요. 비타민과 미네랄은 물론 식이섬유와 항산화 성분이 풍부한 재료로 만들어 식감 좋고 영양 만점입니다. 파프리카 피클까지 더하니 빛깔도 일품이에요.

- ☐ 김 1장

+ 밥 대신 : 두부 밥 160g
- ☐ 볶은 두부 100g (생두부 115g)
- ☐ 밥 60g

+ 밥 양념
- ☐ 올리브오일 1작은술
- ☐ 소금 0.5g

+ 김밥 재료
- ☐ 양배추 샐러드 80~100g
- ☐ 파프리카 피클 40g

+ 양배추 샐러드 재료
- ☐ 양배추 80g
- ☐ 사과 50g
- ☐ 케일 10g
- ☐ 당근 10g

+ 양배추 샐러드 양념
- ☐ 씨겨자 1큰술
- ☐ 올리브오일 1작은술
- ☐ 레몬즙 1큰술
- ☐ 꿀 1~2작은술
- ☐ 소금 1g
- ☐ 후추 1g

김밥 재료 준비하기

1 ▷ 먼저 두부를 흐르는 물에 가볍게 헹군 후 키친타월로 물기를 닦는다.
▷ 예열한 팬에 두부와 소금 0.5g을 넣고 물기가 없어질 때까지 고슬고슬하게 볶는다.
▷ 볼에 볶은 두부와 밥 60g, 올리브오일 1작은술을 넣고 섞으면서 한 김 식힌다.

2 ▷ 양배추는 곱게 채 썰어 찬물로 3회 정도 세척한 후 체에 담아 물기를 빼거나 탈수기를 이용해 물기를 완전히 제거한다.

▷ 사과, 케일, 당근은 깨끗하게 씻어 키친타월로 물기를 닦고, 모두 곱게 채를 썰어 준비한다.

▷ 볼에 채 썬 재료를 모두 담고 준비한 샐러드 양념(씨겨자소스 1큰술, 올리브오일 1작은술, 레몬즙 1큰술, 꿀 1작은술, 소금 1g, 후추 1g)을 넣어 잘 섞으면서 버무린다.

3 파프리카 피클(만드는 법 79p)은 물기를 제거한다.

김밥 말기

1 먼저 김을 절반으로 자르고 김 반장 위에 두부 밥 1/2 분량(80g)을 김의 5/6 지점까지 고르게 펼쳐 담는다.

2 두부 밥 위에 양배추 샐러드와 파프리카 피클을 준비한 재료의 절반 양만 올린 후 단단하게 돌돌 만다. 나머지 김 반장에 남은 재료를 넣고 같은 방법으로 돌돌 만다. 이때 샐러드에 수분이 생길 수 있으므로 김밥을 만들기 직전에 버무려서 사용한다.

1

2

- 양배추 샐러드는 월남쌈이나 샌드위치 속 재료로 넣어도 맛있어요.
- 완성한 김밥을 유산지 등으로 포장해 대각선으로 반을 자르면 4조각이 나오는데, 손으로 들고 먹는 맛도 좋고 도시락 메뉴로 활용하기도 좋아요.

Salad 10 : 해초 샐러드 김밥

바다 향 가득한 해초에 유자청을 넣은 샐러드와 고소한 아보카도 밥, 오이 초절임까지 재료의 조합이 훌륭해요. 고슬고슬하게 볶은 두부를 추가해 영양 균형도 잘 맞춘 샐러드 김밥입니다.

- ☐ 김 1장

+ 밥 대신 : 아보카도 밥 120g
- ☐ 잘 익은 아보카도 1/2개 (씨 제거한 과육 약 60g)
- ☐ 밥 60g
- ☐ 소금 0.5g

+ 김밥 재료
- ☐ 해초 샐러드 90~100g
- ☐ 볶은 두부 30g
- ☐ 오이 초절임 50g

+ 해초 샐러드 재료
- ☐ 모둠 해초 100g(건조 해초 물에 불린 양)
- ☐ 무 30g
- ☐ 당근 20g

+ 해초 샐러드 양념
- ☐ 유자청 1~2작은술
- ☐ 올리브오일 1큰술
- ☐ 식초 1작은술
- ☐ 소금 1g
- ☐ 후추 1g

+ 오이 초절임 재료와 양념
- ☐ 오이 1/2개 (중간 크기 100g, 길쭉하게 반으로 자른 것)
- ☐ 식초 1작은술
- ☐ 올리고당 1작은술
- ☐ 소금 0.3g

김밥 재료 준비하기

1 해초(건조 해초)는 찬물에 10분간 담가 불리고, 헹군 다음 물기를 꼭 짠다.

2 ▷ 오이는 양 끝을 잘라내고 껍질 째 깨끗하게 씻는다. 세척한 오이는 물기를 제거한 다음 오이 모양대로 길쭉하게 필러로 얇게 저민다.

▷ 볼에 준비한 오이를 담고 분량의 초절임 양념장(식초 1작은술, 올리고당 1작은술, 소금 0.3g)을 넣어 절인다.

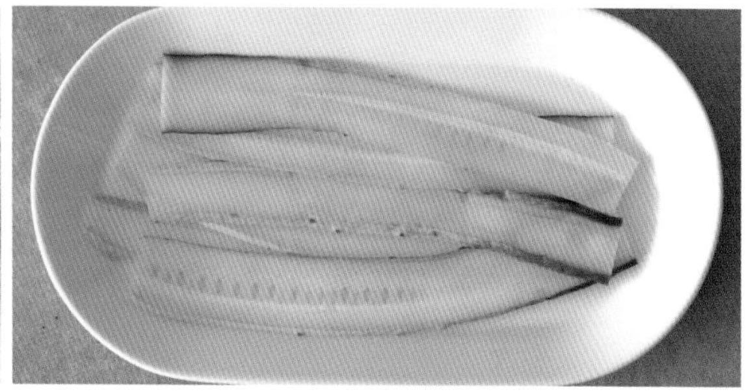

3 두부는 흐르는 물에 가볍게 헹군 후 키친타월로 물기를 닦는다. 예열한 팬에 기름 없이 두부를 넣고 물기가 없어질 때까지 고슬고슬하게 볶는다. 볶은 두부는 한 김 식힌다.

4 ▷ 아보카도는 부드럽게 잘 익은 것으로 선택해 껍질과 씨를 제거한다.
▷ 볼에 아보카도 과육과 밥 60g, 소금 0.5g을 넣고 섞으면서 잘 비빈다.

5 ▷ 무와 당근은 껍질을 벗겨 깨끗하게 씻은 후 키친타월로 물기를 닦는다. 그런 다음 곱게 채를 썬다.
▷ 볼에 준비한 모둠 해초와 무, 당근을 담고 분량의 해초 샐러드 양념(유자청 2작은술, 올리브오일 1큰술, 식초 1작은술, 소금 1g, 후추 1g)을 넣어 살살 버무린다.

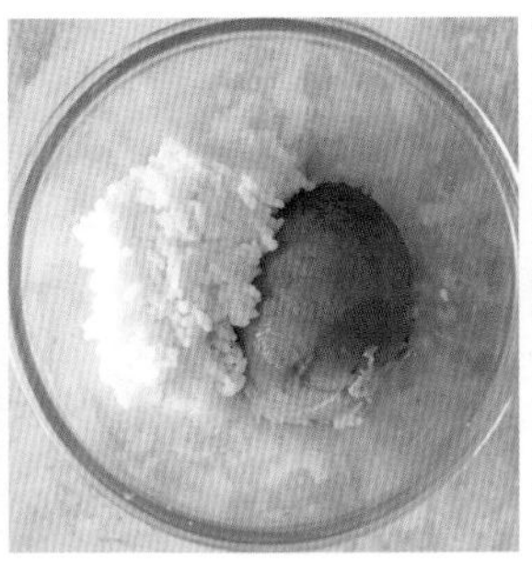

김밥 말기

1 김 위에 아보카도 밥을 김의 3/4 지점까지 고르게 펼치면서 꾹꾹 눌러 담는다. 아보카도 밥 위에 오이 초절임을 물기 없이 가지런히 펼쳐 올린다.

2 양념에 버무린 해초 샐러드와 볶은 두부를 듬뿍 얹어 단단하게 돌돌 만다.

1

2

- 두부는 물기가 적은 단단한 두부로 선택하거나 미리 전자레인지에 살짝 돌려 물기를 한 번 빼내면 오래 볶지 않아서 편해요.
- 고슬고슬하게 볶은 스크램블 스타일의 두부는 김밥을 말 때 옆으로 흘러나올 수 있어요. 이럴 때는 막대 모양으로 잘라 노릇하게 부쳐서 넣으면 김밥 만들기가 한결 편합니다. 하지만 고슬고슬하게 볶은 두부가 다른 재료와 겉돌지 않고 잘 어우러져 좀 더 맛있어요.
- 밥과 섞을 아보카도는 부드럽게 잘 익은 것을 선택하면 씨를 빼낼 때 수저로 쉽게 제거할 수 있고, 껍질도 벗겨내지 않고 수저로 과육만 떠넣을 수 있어 수월합니다.

한의학에서 미나리는 서늘한 성질을 가지고 있다고 해 '수근(水芹)'
또는 '수영(水英)'이라 합니다. 또 동의보감에는 주독 제거와 갈증을 해소하며,
머리를 맑게 하고 대소장을 잘 통하게 한다고 기록되어 있는데,
삶아서 혹은 날로 먹으면 좋다고 합니다.

Salad 11 : 미나리나물 김밥

해독작용을 하는 대표 채소인 '미나리'를 고소한 들기름으로 무쳐보세요.
특히 새콤달콤한 맛의 '양배추 밥'은 미나리와 참 잘 어울리니 포두부와 미니 당근 피클을 추가해 상큼하고 예쁜 색감의 미나리나물 김밥으로 만들어보세요.

☐ 김 1장

+ 밥 대신 : 양배추 밥 130g

☐ 다진 양배추 40g
☐ 밥 80g

+ 밥 양념

☐ 식초 2작은술
☐ 설탕 1/2~1작은술(생략 가능)
☐ 소금 0.4g

+ 김밥 재료

☐ 미나리 100g(손질한 양)
☐ 미니 당근 피클 20g
☐ 포두부(쌈두부) 2장

+ 미나리무침 양념

☐ 들기름 1큰술
☐ 소금 0.5g

김밥 재료 준비하기

1 ▷ 미나리는 누렇게 뜬 잎을 제거하고 질긴 부분을 잘라낸 다음 깨끗하게 씻는다.
▷ 준비한 미나리는 끓는 물에 넣고 1분 정도 데친 후 곧바로 건져 찬물로 헹군 다음 물기를 꼭 짠다.
▷ 데친 미나리는 먹기 좋게 잘라 분량의 무침 양념(들기름 1큰술, 소금 0.5g)으로 조물조물 버무린다.

2 ▷ 양배추는 깨끗하게 씻어 물기를 완전히 제거한 다음 잘게 다진다.
▷ 그릇에 분량의 밥 양념(식초 2작은술, 설탕 1/2작은술, 소금 0.4g)을 넣고 섞은 후 전자레인지에 30초~1분간 돌려 설탕을 완전히 녹인다.
▷ 볼에 다진 양배추와 밥을 담고 준비한 밥 양념을 넣어 살살 섞으면서 한 김 식힌다.

3 포두부와 미니 당근 피클(만드는 법 78p)은 물기를 완전히 제거한다.

김밥 말기

1 김 위에 양배추 밥을 김의 4/5 지점까지 넓게 펼쳐놓는다.

2 양배추 밥 위에 포두부를 나란히 깔고, 미나리나물과 미니 당근 피클을 포두부의 가운데 위치에 가지런히 올려 담고 단단하게 돌돌 만다.

1

2

- 양배추 밥은 양념에 다소 수분감이 있으므로 김밥을 말 때 김이 눅눅해질 수 있으니 먹기 직전에 빠르게 말아주세요.
- 미나리는 끓는 물에 넣고 1분 정도 데쳐야 질긴 부분이 부드러워져요. 또 미나리가 싱싱하고 연하다면 데치지 않고 들기름만 넣고 버무려도 됩니다. 김밥을 말 때는 미나리나물을 넉넉하게 듬뿍 넣어야 맛있어요.

Salad 12 : 오이 샐러드 김밥

톡 쏘는 매력의 오이 샐러드에 고소한 두부 밥과 아삭한 보라색 양배추 피클을 넣고 돌돌 말아보세요. '오이 샐러드 김밥'을 먹을 때마다 몸이 상쾌해지는 기분이 들며, 입안 가득 퍼지는 상큼한 맛이 참 좋아요.

- [ ] 김 1장

+ 밥 대신 : 두부 밥 160g
- [ ] 볶은 두부 100g(생두부 115g)
- [ ] 밥 60g

+ 밥 양념
- [ ] 들기름 1작은술
- [ ] 소금 0.5g

+ 김밥 재료
- [ ] 오이 샐러드 70~90g
- [ ] 보라색 양배추 피클 30g
- [ ] 깻잎 2장

+ 오이 샐러드 재료
- [ ] 오이 90g
- [ ] 양파 20g
- [ ] 파프리카 30g

+ 오이 샐러드 양념
- [ ] 연겨자 1작은술
- [ ] 사과식초 1작은술
- [ ] 메이플시럽 1작은술(생략 가능)
- [ ] 소금 0.5g

김밥 재료 준비하기

1 ▷ 두부는 흐르는 물에 가볍게 헹군 후 키친타월로 물기를 닦는다. 예열한 팬에 두부와 소금 0.5g을 넣고 물기가 없어질 때까지 고슬고슬하게 볶는다.

▷ 볼에 볶은 두부와 밥 60g, 들기름 1작은술을 넣고 살살 비비면서 한 김 식힌다.

2 ▷ 오이, 양파, 파프리카, 깻잎은 깨끗하게 씻어 물기를 완전히 제거한다.

▷ 세척한 오이는 껍질째 얇게 채를 썰고, 양파는 모양대로 얇게 썬다. 파프리카도 모양대로 길쭉하게 채 썬다. 이때 오이의 씨가 크고 많을 경우에는 속을 제거한다.

▷ 볼에 준비한 오이, 양파, 파프리카를 담고 분량의 오이샐러드 양념(메이플시럽 1작은술, 사과식초 1작은술, 연겨자 1작은술, 소금 0.5g)을 넣어 조물조물 버무린다.

3 보라색 양배추 피클(만드는 법 76p)은 물기를 꼭 짜서 준비한다.

김밥 말기

1 김 위에 두부 밥을 김의 5/6 지점까지 고르게 펼쳐 담는다. 두부 밥 위에 깻잎 2장을 나란히 깐다. 깻잎 크기가 클 경우에는 겹쳐서 올려도 된다.

2 깻잎 위에 오이 샐러드와 보라색 양배추 피클을 올린 후 단단하게 돌돌 만다.

1

2

- 보라색 양배추 피클 대신 양념하지 않은 생채로 넣거나 약간의 소금과 식초로 무쳐서 사용해도 됩니다.
- 오이 샐러드는 톡 쏘는 냉채 스타일로 연겨자의 양으로 매운맛을 조절하세요.
- 담백한 닭가슴살이나 안심 부위를 데쳐서 결대로 찢어 넣어도 오이샐러드와 잘 어울려요. 이때 닭고기의 밑간은 소금과 후추 정도로만 깔끔하게 합니다.
- 사과식초 대신 화이트와인 식초를 넣으면 약간 톡 쏘면서 깊고 풍부한 단맛을 좀 더 느낄 수 있어요.

95%가 수분인 오이는 갈증 해소뿐만 아니라
혈당 관리, 노화 방지, 면역력 증진에도 도움을 주는 채소입니다.

PART 3 Cutting

Low carb Gimbap

착한 탄수화물로 저속노화를 실현하라!

당뇨식 커팅 김밥

저속노화를 위한 당뇨 예방 식사 가이드

당뇨병과 혈당 스파이크를 예방하고 혈당을 안정되게 관리하려면
주요 영양소의 식품을 1:1:2 비율로 먹는 것을 추천합니다.

저당·저탄수화물 식품 25%
양질의 단백질 식품 25%
다양한 종류의 채소(좋은 지방 포함) 50%

1:1:2 비율은 가장 알맞은 영양 균형으로 혈당 관리에 도움을 줍니다.
또 채소 중심의 식사는 혈당을 잡는 식이섬유와 항산화 성분이
포함되어 있어 혈당의 흡수와 방출을 느리게 하며, 비타민과 미네랄까지
섭취할 수 있습니다. 결국 영양소의 균형을 맞춘 식사는
당뇨와 혈당 스파이크를 예방하는 가장 안전한 방법입니다.

저당·저탄수화물 식품은 혈당을 잡고 지방으로 전환되는 초과분이 적거나 없다.

1(25%) : 저당·저탄수화물 식품

콩과 통곡물은 느리게 소화되는 만큼 체내 혈당의 흡수와 방출을 천천히 한다.

양질의 단백질 식품은 혈당을 높이지 않는다.

1(25%) : 양질의 단백질 식품

양질의 단백질 식품은 탄수화물의 체내 흡수와 방출을 느리게 한다.

다양한 종류의 채소에는 혈당을 잡는 식이섬유와 항산화 성분이 있다.

2(50%) : 다양한 종류의 채소(좋은 지방 포함)

식이섬유는 혈당의 흡수와 방출을 느리게 하므로 혈당 스파이크에 도움이 된다.

||

▶ 당뇨 전 단계를 위한 식사 가이드

- 식사는 아침·점심·저녁 정한 시간에 먹고 매끼 비슷한 양으로 먹는다.
- 과식과 폭식을 하지 않는 것이 가장 중요하다.
- 오전과 오후, 각 1회씩 식간에 약간의 간식을 먹는다.
- 간식은 씨앗류·견과류·베리류 과일 등을 추천한다.

Choice 1
고소한 맛
커팅 김밥

당뇨병은 인슐린을 전혀 생산하지 못하는 제1형 당뇨와 고당·고탄수화물
식사 등의 영양 불균형과 운동 부족 등 환경 요인이 크게 작용하는 제2형
당뇨로 구분합니다. 또 특정 유전자의 결함에 의해서 당뇨병이 생길 수 있고,
췌장 관련 수술이나 약물과 감염에 의해서 발생하기도 합니다.
제1형 당뇨병은 인슐린 치료가 반드시 필요한 반면, 제2형 당뇨병은
치료뿐만 아니라 생활 습관의 교정이 함께 이뤄져야 합니다.
따라서 현재 제2형 당뇨의 발병을 예방해야 하는 '당뇨 전 단계' 인
상태이거나 '혈당 스파이크' 증상이 자주 발현된다면 하루 빨리
식습관의 변화를 비롯한 생활 습관의 교정을 꾀해야 할 것입니다.
당뇨병을 예방하는 가장 안전한 길이 바로 식습관의 교정이기 때문입니다.
무엇보다 영양소의 균형이 뒷받침되어야 합니다.
그러니 고당·고탄수화물 식사와 절연하고 착한 탄수화물에 집중하면서도
영양 균형을 맞춘 '커팅 김밥' 한 줄을 식단에 적용해 보세요.

Cutting 1 : 연근 샐러드 김밥

연근은 풍부한 영양에 비해 맛이 다소 밋밋하니 사각거리는 식감을 살려보세요. 살짝 데친 연근에 연두부와 검은깨, 참깨를 곱게 간 소스로 버무리면 오히려 맛깔스럽고 정갈한 맛이 납니다. 특히 포슬포슬 부드러운 식감의 두부 밥을 넣으니, 김밥의 맛을 더욱 고소하게 만들어 고급스럽게 맛있어요.

- ☐ 김 1장

+ 당질 제한 밥
- ☐ 두부 100g
- ☐ 밥 70g

+ 밥 양념
- ☐ 들기름 1작은술
- ☐ 소금 1g

+ 김밥 재료
- ☐ 연근 샐러드 40~50g
- ☐ 아보카도 40g
- ☐ 어린잎채소 5g
- ☐ 파프리카 1/4~1/2개(크기에 따라)

+ 연근 샐러드 재료
- ☐ 연근 60g(식초 1큰술)
- ☐ 잣 1큰술

+ 연근 샐러드 양념
- ☐ 연두부 50g
- ☐ 검은깨 1작은술
- ☐ 참깨 1작은술
- ☐ 꿀 1작은술(생략 가능)
- ☐ 레몬즙 1작은술
- ☐ 소금 0.5g

김밥 재료 준비하기

1 ▷ 어린잎채소는 깨끗이 씻어 물기를 완전히 제거한다.

▷ 아보카도는 껍질을 벗겨내고 씨를 제거한 다음 과육만 길쭉하게 막대 모양으로 자른다.

▷ 파프리카는 깨끗하게 씻어 꼭지와 씨를 제거하고, 5㎜ 두께로 길쭉하게 썬다.

2 ▷ 두부는 흐르는 물에 가볍게 한 번 헹군 다음 전자레인지 전용 용기에 담아 1분~1분 30초 정도 돌린다. 두부에서 빠져나온 물은 버리고, 두부만 팬에 담는다.

▷ 두부를 으깨면서 수분을 날리고 중불에서 고슬고슬하게 볶는다.

▷ 볼에 볶은 두부를 담고 밥 70g, 들기름 1작은술, 소금 1g을 넣어 솔솔 섞으면서 한 김 식힌다.

Guide 밥은 50~70g, 두부는 60~110g으로 조절해서 넣으면 됩니다.

3 ▷ 먼저 연근 표면에 묻은 흙을 말끔하게 씻은 다음 필러로 연근의 껍질을 얇게 벗겨낸다. 흐르는 물에 한 번 더 헹군 다음 5㎜ 두께로 썬다.

▷ 끓는 물에 식초 1큰술을 넣고 희석한 다음 준비한 연근을 1분간 데쳐 곧바로 찬물로 헹구고 물기를 제거한다.

4 ▷ 분량의 소스 재료(연두부 50g, 검은깨 1작은술, 참깨 1작은술, 꿀 1작은술, 레몬즙 1작은술, 소금 0.5g)를 용기에 담고 블렌더로 곱게 간다.

▷ 간 소스에 데친 연근과 잣을 넣고 잘 버무려 연근 샐러드를 완성한다.

김밥 말기

1 김을 깔고 사진과 같이 김의 가장자리에 1㎝ 정도만 남겨두고 두부 밥을 김의 4/5 지점까지 고르게 펼쳐 깐다.

2 두부 밥 위에 사진과 같이 준비한 파프리카를 올리고 아보카도를 얹는다.

3 파프리카 뒤쪽에 연근 샐러드를 담고, 어린잎채소를 얹은 후 김으로 단단하게 만다.

- 연근은 살짝 데친 후 곧바로 찬물로 헹궈 아삭한 식감을 최대한 살려주세요.
- 참깨와 검은깨로 만든 샐러드 소스는 건강한 지방을 섭취할 수 있으므로 다양한 채소에 활용하기 좋아요. 만일 넉넉히 만들어두고 사용한다면 최대 4~5일까지만 냉장 보관해야 맛이 변하지 않아요.

Cutting 2 : 감태 누드 김밥

향긋한 감태와 고소한 참깨를 활용한 누드 김밥 스타일의 커팅 김밥을 소개할게요. 혈당 조절에 탁월한 효능을 가진 '감태'와 아보카도, 새우살을 넣어 재료의 궁합을 맞췄어요. 또 흰쌀밥 대신 현미밥을 넣고 오이와 파인애플을 추가했어요. 참깨를 듬뿍 묻혀 고소함이 가득하면서도 항산화 식품인 감태로 말아 혈당을 생각한 당뇨식 커팅 김밥이 되었어요.

- ☐ 감태김 1장(김밥용 김 크기)

+ 당질 제한 밥
- ☐ 현미밥 100g

+ 밥 양념
- ☐ 소금 0.5g

+ 김밥 재료
- ☐ 아보카도 30g
- ☐ 자숙 새우살 50g
- ☐ 파인애플 20g
- ☐ 오이 20g
- ☐ 참깨 1~2큰술(기호에 맞게 조절)

김밥 재료 준비하기

1 ▷ 자숙 새우살은 끓는 물에 넣고 30초 정도 데친 후 곧바로 찬물로 헹궈 물기를 제거한다.
▷ 준비한 새우살을 말기 편하게 납작하게 저민다.

2 아보카도와 파인애플은 과육만을 준비해 1㎝ 두께의 긴 사각 모양으로 자른다.

3 깨끗하게 씻은 오이는 씨 부분을 제거하고 껍질째 1㎝ 두께의 긴 사각 모양으로 자른다.

4 준비한 현미밥에 소금 0.5g을 넣고 잘 섞는다.

김밥 말기

1 먼저 김발 위에 랩을 넓게 깐 다음 랩 위에 감태 1장을 깔고 준비한 현미밥을 감태의 3/4 지점까지 고르게 펼쳐 담는다.

2 랩은 그대로 두고 현미밥이 아래로 가도록 뒤집는다.

3 감태 위에 아보카도, 파인애플, 오이를 차례로 올리고 새우를 얹는다.

4 김발을 이용해 랩으로 감싸면서 사각 모양을 잡으면서 단단하게 만다. 그릇에 참깨를 펼쳐 담고 완성한 누드 김밥을 굴리면서 참깨를 듬뿍 묻힌 다음 먹기 좋게 한입 크기로 자른다.

Guide 현미밥의 양은 개인의 상황에 따라 80~120g으로 조절해서 넣으면 됩니다.

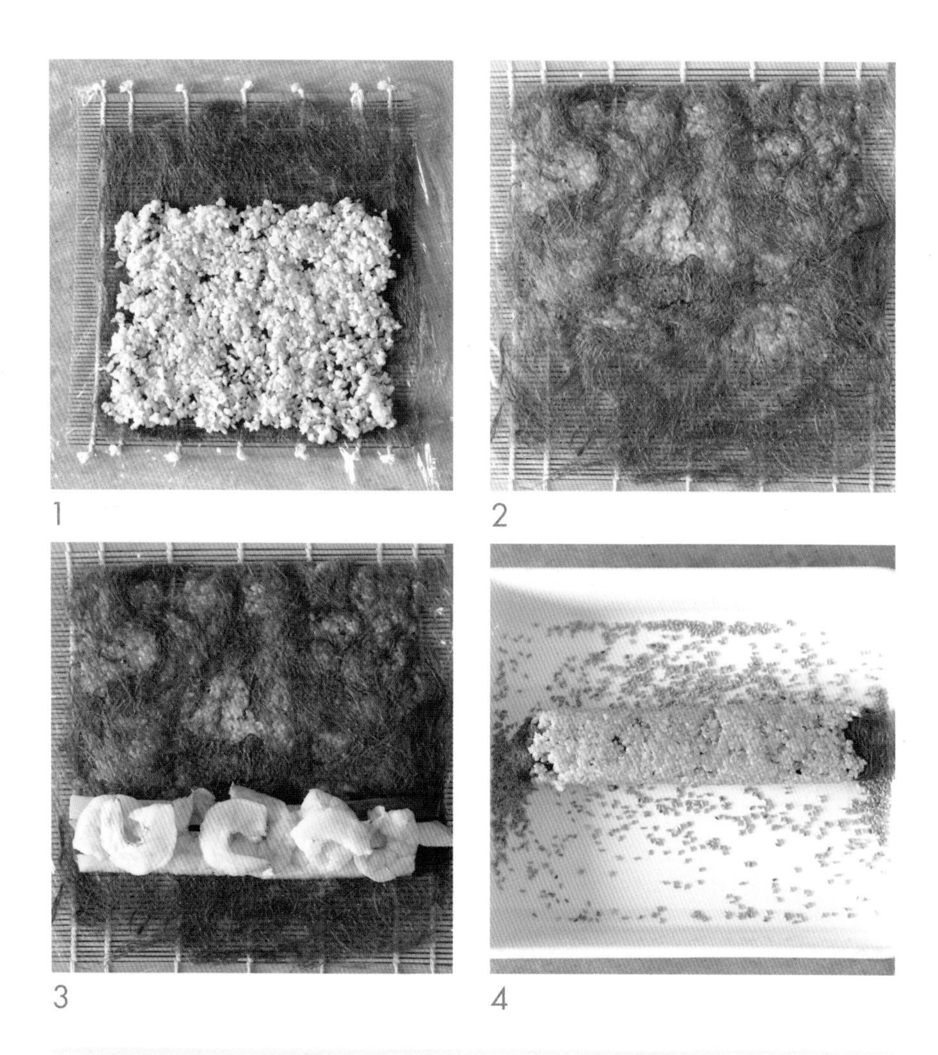

1

2

3

4

- 누드 김밥은 의외로 모양 잡기가 어려울 수 있으니 약간 각진 네모 모양으로 말면 좀 더 쉬워요. 만일 누드 김밥의 모양을 동그랗게 하려면 아보카도, 파인애플, 오이를 채 썰어 넣으면 모양 잡기가 훨씬 수월해요.
- 100% 현미밥은 흰쌀밥보다 찰기가 적어 누드 김밥을 마는 과정이 조금 어려울 수 있어요. 밥이 뜨거울 때 주걱 등을 이용해 밥알을 살짝 짓이기면 찰기가 생기고, 완전히 식은 밥보다는 밥이 약간 따뜻할 때 말면 더 쉬워요. 또 밥을 할 때 찰현미를 섞은 현미밥으로 준비하면 누드 김밥 말기가 좀 더 편해요.
- 참깨 대신 검은깨를 묻혀도 되고, 참깨와 검은깨를 섞어서 사용해도 됩니다.

Cutting 3 : 연어 스테이크 김밥

연어는 EPA, DHA 등 오메가3가 풍부한 식품으로 알려져 있습니다. 연어와 같이 좋은 지방을 음식으로 꾸준히 섭취하면 혈당 관리에도 도움을 줘 당뇨를 예방할 수 있습니다. 이렇게 좋은 연어를 시금치와 함께 구우면 더욱 고소한 풍미의 김밥으로 만들 수 있어요.

- ☐ 김 1장

+ 당질 제한 밥

- ☐ 달걀 2개
- ☐ 아보카도오일 1작은술
- ☐ 소금 1g

+ 김밥 재료

- ☐ 연어 50~60g(김밥 길이로 1조각)
- ☐ 두부 40g(아보카도오일 1/2작은술)
- ☐ 시금치 50g(소금 0.5g)
- ☐ 당근 50g(소금 0.5g)
- ☐ 슬라이스 치즈 2장

+ 연어 밑간 양념

- ☐ 올리브오일 1/2작은술
- ☐ 바질가루 0.5g
- ☐ 소금 0.5g
- ☐ 후추 0.5g

+ 커팅소스

- ☐ 키토 마요네즈 2큰술
- ☐ 다진 양파 1작은술
- ☐ 다진 피클 1작은술
- ☐ 레몬즙 1작은술
- ☐ 꿀 1작은술(생략 가능)

김밥 재료 준비하기

1 연어는 김밥 길이에 맞게 자른 다음 그릇에 담는다. 분량의 밑간 양념(올리브오일 1/2작은술, 바질가루 0.5g, 소금 0.5g, 후추 0.5g)을 골고루 뿌린 후 뚜껑 등으로 덮어 냉장고에서 30분(최대 1시간) 정도 숙성시키면서 재운다.

2 ▷ 볼에 달걀을 깨뜨려 넣고 소금 1g을 첨가해 곱게 푼다.

▷ 예열한 팬에 아보카도오일 1작은술을 두르고, 달걀물을 고르게 펼쳐 담아 약불에서 얇게 부친다.

▷ 완성한 달걀지단은 한 김 식힌 후 돌돌 말아 채를 썬다.

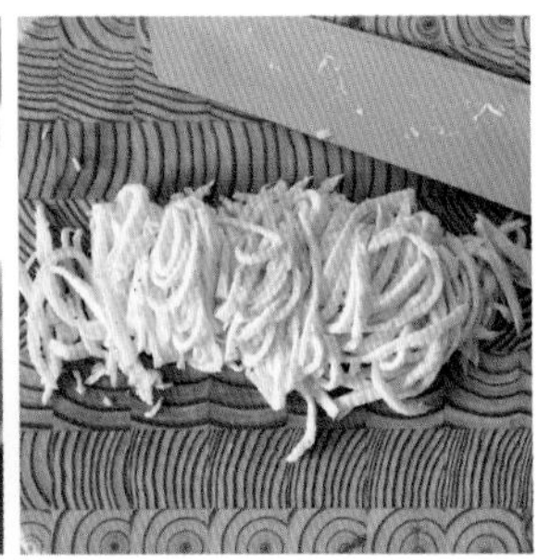

3 ▷ 시금치는 뿌리 부분을 잘라내고 깨끗이 씻은 후 물기를 제거한다.

▷ 당근은 껍질을 벗겨내고 씻은 후 채 썰어 소금 0.5g을 넣고 버무려둔다. 예열한 팬에 식용유(아보카도오일 1/2작은술)를 두르고 준비한 당근을 달달 볶은 다음 접시에 펼쳐 담아 한 김 식힌다.

▷ 두부는 흐르는 물에 가볍게 헹군 후 키친타월로 물기를 닦고 막대 모양으로 자른다. 예열한 팬에 식용유(아보카도오일 1/2작은술)를 두르고 노릇하게 부친다.

4 ▷ 예열한 팬에 식용유(아보카도오일 1작은술)를 두르고 밑간 양념에 재운 연어를 중약불에서 노릇하게 굽는다.

▷ 연어가 어느 정도 익으면 준비한 시금치를 넣고 빠르게 마저 굽는다.

▷ 접시에 구운 연어와 시금치를 담고 한 김 식힌다.

5 준비한 커팅소스 재료를 볼에 담고 잘 섞는다.

- 구운 시금치에서 물기가 생길 수 있으니 물기를 말끔히 제거한 다음 김밥을 말아요.
- 두부를 굽기 전 미리 전자레인지에서 1분 정도 돌리면 두부에 남아 있는 수분이 마저 나와 부친 후에도 물기가 생기지 않아 김밥 말기가 편합니다. 또 두부는 단단한 부침용으로 준비하면 물기 제거 시 한결 수월합니다.

김밥 말기

1 김을 깔고 김 위에 슬라이스 치즈 2장을 나란히 펼쳐 담고 달걀지단을 김의 4/5 지점까지 고르게 펼쳐서 올린다.

2 구운 연어와 두부를 차례로 올리고 커팅소스를 얹는다. 구운 시금치와 볶은 당근도 차례로 올린 후 김으로 재료를 감싸면서 단단하게 돌돌 만다.

- 김 위에 달걀지단을 깔 때는 김의 가장자리는 조금 남겨두고 놓아야 김밥을 말 때 달걀지단이 빠져나오지 않아 어렵지 않게 잘 말 수 있어요.
- 김밥에 커팅소스를 넣고 마는 대신 소스용 그릇에 따로 담아 김밥을 먹을 때 찍어 먹어도 됩니다. 또 소스에 케이퍼를 추가해도 잘 어울려요.

Cutting 4 : 묵은지 고구마 김밥

우리의 오래된 식습관 중 포슬포슬하게 찐 고구마에 맛있게 익은 묵은지를 올려 먹는 것이 있지요. 이렇게 친숙한 고구마와 묵은지 조합을 응용한 '묵은지 고구마 김밥'은 향긋한 깻잎을 더해 당질제한식으로 만들 수 있어요. 혈당 조절에 도움을 주는 들깻가루와 들기름 양념으로 묵은지와 깻잎을 버무려 넣으니
누구나 당지수 걱정 없이 한 끼를 맛있게 먹을 수 있어요.

- ☐ 김 1장

+ 당질 제한 밥
- ☐ 찐 밤고구마 140g

+ 김밥 재료
- ☐ 묵은지 60g(김치 양념 씻어낸 양)
- ☐ 깻잎 20g

+ 무침 양념
- ☐ 들깻가루 1큰술
- ☐ 들기름 1작은술

김밥 재료 준비하기

1 ▷ 밤고구마는 겉면에 묻은 흙 등을 깨끗이 씻은 다음 찜기에 담아 너무 무르지 않고 약간 사각거릴 정도로 포슬포슬하게 찐다.

※ 고구마가 너무 굵으면 반을 잘라 찌면 익는 시간이 단축된다.

▷ 찐 밤고구마는 한 김 식어 약간 뜨거울 때 껍질을 벗겨내고 곱게 으깬다.

Guide 고구마의 양은 개인의 상황에 따라 120~200g으로 조절해서 넣으면 됩니다.

2 ▷ 묵은지는 속을 털어내고 김치 양념을 말끔하게 씻은 다음 물기를 꼭 짜내고 채 썬다.

▷ 깻잎은 깨끗이 씻어 물기를 털어내고 돌돌 말아 채를 썬다.

3 볼에 채 썬 묵은지와 깻잎을 담고 분량의 무침 양념(들깻가루 1큰술, 들기름 1작은술)을 넣어 조물조물 버무린다.

김밥 말기

1 사각 김밥 틀을 준비한다. 먼저 김을 깔고 김 가운데에 사각 김밥 틀을 올리고, 으깬 고구마 70g(준비한 양의 절반)을 꾹꾹 눌러 담는다.

2 으깬 고구마 위에 들깻가루와 들기름으로 버무린 묵은지와 깻잎을 듬뿍 얹는다.

3 남은 고구마 70g을 꾹꾹 눌러 담는다.

4 틀을 제거한 다음 김으로 속 재료를 감싸 모양을 잡으면서 마무리한다.

- 깻잎, 들깻가루, 들기름의 양을 넉넉히 더 넣어도 됩니다.
- 고구마를 찔 때 처음부터 찜기에 넣고 익히면 익는 시간이 많이 소요되어 당부하지수(GL)가 높아질 수 있어요. 그러니 물이 팔팔 끓어 김이 오른 상태에 고구마를 넣고 찌면 익는 시간이 단축됩니다. 고구마를 찌는 가장 간편한 방법은 전자레인지용 찜기에 고구마를 담아 약간의 물을 넣고 익히면 6분 정도면 충분해요.

1

2

3

4

| 고구마 활용법 |

혈당을 관리하는 경우 고구마의 단맛이 강할수록 고구마 1개를 온전히 먹기 쉽지 않아요. 그럴 때 생고구마를 먹으면 당지수에 대한 부담을 덜 수 있어요. 다만 고구마를 굽거나 너무 오래 익히면 당부하지수(GL)가 상승하니 조금 덜 익히는 것을 추천합니다. 또 우유와 찐 고구마를 곱게 갈아 한소끔 끓인 고구마 수프는 식사대용으로 먹기 괜찮아요.

Choice 2
매콤한 맛 커팅 김밥

혈당 스파이크를 잡고 당뇨를 예방하려면 균형 잡힌 영양소의 한 끼 식사가 중요합니다. 가장 이상적인 한 끼 식사는 착한 탄수화물 위주의 저당·저탄수화물 식품, 식이섬유·비타민·미네랄 섭취를 위한 다양한 채소, 양질의 단백질과 좋은 지방의 식품을 포함하는 것입니다. 따라서 매끼 먹으면 좋은 유익한 식재료를 알아두는 것이 필요한데, 그중 빼놓지 않아야 할 일은 항산화 작용을 하는 식재료의 색깔에 주목하는 것입니다. 항산화 식재료는 만성 염증으로부터 두뇌와 신체를 보호하고 면역 기능을 향상시키기 때문입니다. 혈당과 만성 염증, 면역 반응은 떼려야 뗄 수 없는 관계에 있습니다. 그러니 흰색부터 알록달록한 색깔까지 천연 색소를 품은 항산화 식재료를 한 끼 식사에 포함하세요. 양념부터 주재료까지 매콤한 맛 커팅 김밥처럼 활용하면 어렵지 않아요.

Cutting 5 : 약고추장 삼각 김밥

휴대성이 좋은 '삼각 김밥'은 밥 속에 들어가는 재료에 따라 다양한 맛으로 즐길 수 있어요. 당뇨식을 위해 밥 대신 콜리플라워를 섞은 귀리밥을 볶아서 넣는데, 볶음밥에 추가할 재료는 냉장고 속 자투리 채소들로 무궁무진하게 활용하면 더 좋아요. 톡톡 씹는 맛이 좋은 볶음밥 사이에 매콤한 약고추장을 듬뿍 넣으면 맛 없기가 어려운 조합입니다.

- ☐ 김 1장(삼각 김밥 2개 분량)

+ 당질 제한 밥

- ☐ 귀리밥 90g
- ☐ 콜리플라워(또는 콜리플라워 라이스) 50g
- ☐ 당근 30g
- ☐ 대파 30g

+ 밥 양념

- ☐ 아보카도오일 1큰술
- ☐ 소금 1g

+ 김밥 재료

- ☐ 약고추장 2큰술(삼각 김밥 1개당 1큰술)

+ 약고추장 재료와 양념

- ☐ 다진 소고기 100g(아보카도오일 1작은술)
- ☐ 다진 마늘 1큰술
- ☐ 고추장 100g
- ☐ 맛술 1/2~2큰술
- ☐ 꿀 1/2~1큰술(생략 가능)
- ☐ 참기름 1작은술
- ☐ 후추 톡톡톡

김밥 재료 준비하기

1 ▷ 다진 소고기는 키친타월로 감싸 핏물을 닦은 다음 예열한 팬에 아보카도오일 1작은술을 두르고 소고기와 양념(다진 마늘 1큰술, 후추 약간)을 넣어 달달 볶는다.

▷ 고기가 완전히 익으면 약불로 조절한 다음 분량의 양념(고추장 100g, 맛술 2큰술, 꿀 1큰술, 참기름 1작은술)을 넣고 양념이 타지 않고 고기에 잘 배도록 섞으면서 조린다. 만든 약고추장은 그릇에 담아 한 김 식힌다.

Guide 당질 제한을 위해 약고추장 양념에서 맛술의 양을 조절하거나 꿀을 생략해도 됩니다.

2 손질해서 씻은 콜리플라워, 대파, 당근은 잘게 다진다. 고슬하게 지은 귀리밥도 준비한다.

3 ▷ 예열한 팬에 아보카도오일 1큰술을 두르고 중불에서 다진 대파를 먼저 볶아 대파 기름을 만든다.

▷ 대파 기름에 준비한 귀리밥, 잘게 다진 콜리플라워와 당근을 넣고 소금으로 간을 맞춰 충분히 볶다가 당근이 익으면 불을 끄고 한 김 식힌다.

김밥 말기

1 먼저 삼각 김밥 틀에 틀의 절반 높이만 볶음밥을 꾹꾹 담는다.

2 가운데를 오목하게 만들어 약고추장을 담는다.

3 약고추장 위에 볶음밥을 덮으면서 꾹꾹 담는다.

4 조금 더 긴 쪽 방향으로 김의 절반을 자른다. 김발 위에 자른 김 1장을 세로 방향으로 깐 다음 김의 위쪽에 삼각 틀에 담은 밥을 엎는다.

5 삼각 김밥 틀을 제거한 후 아래에서 위쪽으로 김으로 밥을 덮고 김의 양 끝으로 밥을 감싸면서 삼각 모양으로 만든다.

6 바닥에 남은 김 양 끝을 삼각 모양으로 접어 고정시키고 삼각 김밥을 만든다. 완성한 삼각 김밥은 먹기 좋게 반을 자른다.

- 볶음밥에 우엉이나 연근조림을 잘게 다져 넣으면 소금을 따로 넣지 않아도 볶음밥 간이 잘 맞아 맛이 좋아요.
- 볶음밥에 참깨, 달걀, 브로콜리 등 다른 재료를 더 추가하거나 대체해도 좋아요. 밥 양은 재료에 따라 조절하면 됩니다.

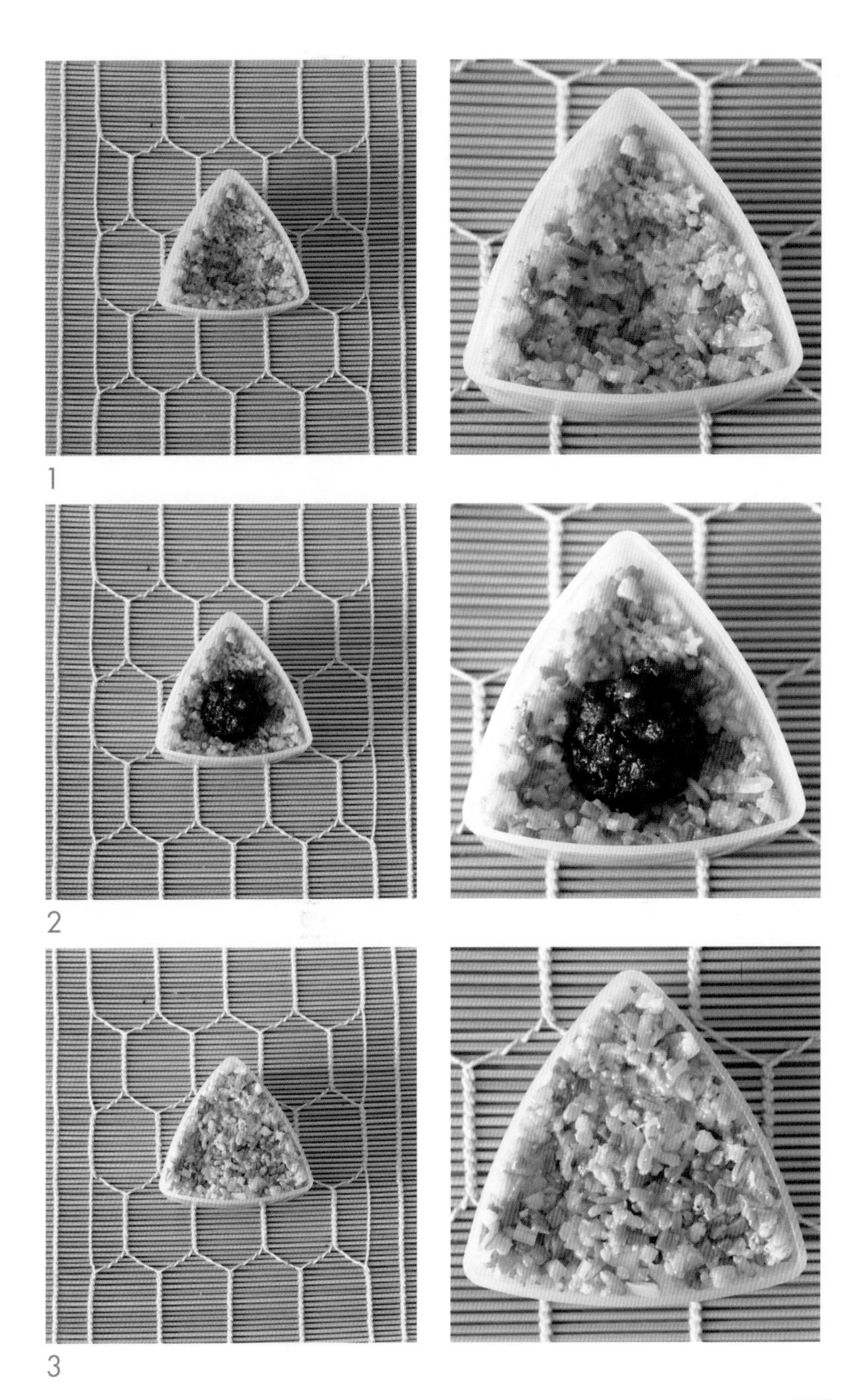
1
2
3

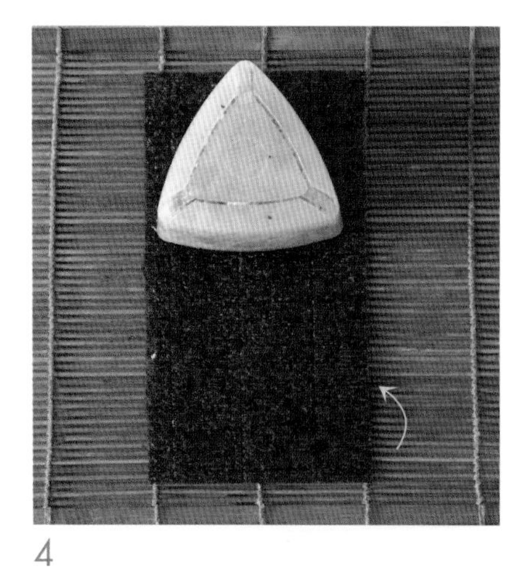

4

5

6

포장이 다 되어 있는 삼각 김밥 전용 김을
이용하면 삼각 김밥 만들기가 훨씬 간편하고
쉬워요.
또 장시간 보관이 가능하고 휴대성이 좋아
도시락 메뉴로 활용하기에도 좋아요.

Cutting 6 : 팽이버섯 두부 김밥

혈당 관리와 당뇨에 좋은 '팽이버섯'으로 맛있는 커팅 김밥을 만들 수 있어요. 특히 양배추를 섞은 밥에 개운하게 무친 세발나물, 부친 두부를 넣으면 포만감 좋고 든든한 김밥이 됩니다. 사각 모양으로 만들어 햄버거처럼 손에 들고 한입 가득 베어 먹으면 씹을수록 행복해지는 한 끼 식사가 됩니다.

- ☐ 김 1장

+ 당질 제한 밥
- ☐ 양배추 40g
- ☐ 밥 80g

+ 밥 양념
- ☐ 다진 청양고추 1작은술
- ☐ 참기름 1작은술
- ☐ 소금 0.5g

+ 김밥 재료
- ☐ 팽이버섯 40g
- ☐ 두부 50g(아보카도오일 1/2작은술)
- ☐ 세발나물 무침 20~30g

+ 세발나물 무침 재료와 양념
- ☐ 세발나물 30g
- ☐ 채 썬 청양고추 10g
- ☐ 고춧가루 1작은술
- ☐ 간장 1작은술
- ☐ 매실청 1작은술
- ☐ 식초 1작은술
- ☐ 올리고당 1/2작은술(생략 가능)
- ☐ 참깨 1작은술

김밥 재료 준비하기

1 ▷ 팽이버섯은 밑동을 잘라내고 말끔하게 씻어 물기를 완전히 제거한다.

▷ 꼭지를 떼 낸 청양고추는 깨끗하게 씻어 물기를 닦고, 반을 갈라 씨를 제거한 다음 팽이버섯과 비슷한 길이로 어슷하게 채를 썬다.

▷ 두부는 김밥에 넣기 좋은 크기로 약간 도톰하게 자른 다음 흐르는 물에 헹궈 간수 맛을 제거한다.

▷ 키친타월로 자른 두부에 남은 물기를 충분히 닦은 후 식용유(아보카도오일 1/2작은술)를 두른 팬에 앞뒤로 노릇하게 부친다.

▷ 두부를 부치는 동안 팬 한쪽에 준비한 팽이버섯과 채 썬 청양고추를 올리고 물기 없이 익힌 다음 접시에 담아 한 김 식힌다.

2 ▷ 양배추와 청양고추는 깨끗하게 씻어 물기를 제거한 다음 밥알 크기와 비슷하게 다진다.

▷ 볼에 다진 양배추와 고슬고슬하게 지은 밥을 함께 담아 밥 양념(다진 청양고추 1작은술, 참기름 1작은술, 소금 0.5g)을 넣고 살살 섞으면서 한 김 식힌다.

Guide 당질 제한을 위해 밥 양은 50~80g 중 조절해서 넣고, 매실청도 소량만 넣으세요.

3 ▷ 세발나물은 2~3번 정도 깨끗이 씻은 후 체에 밭치거나 탈수기를 이용해 물기를 제거한다.

▷ 물기 제거한 세발나물을 먹기 좋은 크기로 자르고, 볼에 준비한 무침 양념(고춧가루 1작은술, 간장 1작은술, 매실청 1작은술, 식초 1작은술, 올리고당 1/2작은술, 참깨 1작은술)과 함께 넣고 살살 버무린다.

김밥 말기

1 김발 위에 김을 깔고 김 가운데에 양배추 밥을 김 1/4장 크기 정도로 도톰하게 뭉쳐서 올린다.

2 밥 위에 양념에 무친 세발나물을 듬뿍 올린다.

3 세발나물 위에 구운 팽이버섯과 청양고추를 올린다.

4 물기 없이 부친 두부를 얹는다.

5 김의 양 끝 모서리 부분을 가운데로 단단하게 당기면서 접어 물을 발라 고정하고, 나머지 부분도 같은 방법으로 고정해 사각 모양으로 만든다. 완성한 김밥은 먹기 좋게 반을 자른다.

- 세발나물을 양념으로 버무리면 물이 생길 수 있어요. 그러니 김밥 만들기 직전에 무치는 게 좋고, 만일 양념 국물이 생긴다면 건더기만 건져서 김밥에 넣어주세요. 개운하게 무친 세발나물은 구운 고기, 생선구이, 두부 부침에 곁들여 먹기 좋아요.
- 두부는 단단한 부침용 두부로 선택하고, 약간 도톰하게 잘라 미리 키친타월로 감싸 물기를 빼면 김밥이 눅눅해지지 않아요.
- 만든 김밥을 랩이나 유산지 등으로 포장한 다음 반으로 자르면 손으로 들고 먹기 편하고, 도시락 메뉴로 활용하기도 좋아요.

1
2
3
4
5

Guide 당질 제한을 위해 흑미 김밥의 먹는 양을 조절하고, 올리고당도 되도록 소량만 넣으세요.

Cutting 7 : 해초 샐러드 충무 김밥

'충무 김밥'은 갓 지은 흰쌀밥만을 김으로 말았지만, 맛깔스러운 섞박지와 어묵무침 등이 곁들여져 가끔 생각나는 추억의 음식 중 하나입니다. 혈당 관리와 당뇨식 식단에는 원조 충무 김밥을 그대로 재연하는 것보다 흑미 김밥에 매콤한 오징어무침과 개운한 해초 샐러드로 응용하는 것을 추천해요.

- ☐ 김 1장(충무 김밥 4개 분량)

+ 당질 제한 밥

- ☐ 흑미밥 120g(충무 김밥 1개당 30g씩)

+ 밥 양념

- ☐ 참기름 1작은술
- ☐ 소금 0.5g

+ 해초 샐러드 재료와 양념

- ☐ 불린 해초 100g
- ☐ 무 10g
- ☐ 당근 10g
- ☐ 연겨자 1작은술
- ☐ 간장 1.5작은술
- ☐ 식초 1작은술
- ☐ 올리고당 1/2작은술
- ☐ 참기름 1작은술
- ☐ 참깨 1작은술

+ 오징어무침 재료와 양념

- ☐ 데친 오징어 100g
- ☐ 다진 마늘 1/2작은술
- ☐ 고춧가루 2작은술
- ☐ 간장 1작은술
- ☐ 액젓 1/2작은술
- ☐ 올리고당 1/2작은술
- ☐ 참기름 1작은술
- ☐ 참깨 1작은술

김밥 재료 준비하기

1 ▷ 해초는 찬물에 10분간 담가 불린 후 물기를 꼭 짠다. 만일 염장 해초라면 소금을 털어내고 찬물로 3회 정도 헹군 다음 미지근한 물(10분) 또는 찬물(30분)에 담가둔다. 그런 다음 한 번 데쳐서 사용하면 더 좋다.

▷ 무와 당근은 겉에 묻은 흙 등을 씻어내고 필러로 껍질을 얇게 벗겨낸 다음 한 번 더 헹군다. 준비한 무와 당근은 물기를 닦아내고 곱게 채를 썬다.

▷ 손질한 해초는 물기를 꼭 짜내고 볼에 담는다. 채 썬 무와 당근, 분량의 양념(연겨자 1작은술, 간장 1.5작은술, 식초 1작은술, 올리고당 1/2작은술, 참기름 1작은술, 참깨 1작은술)을 넣어 조물조물 버무린다.

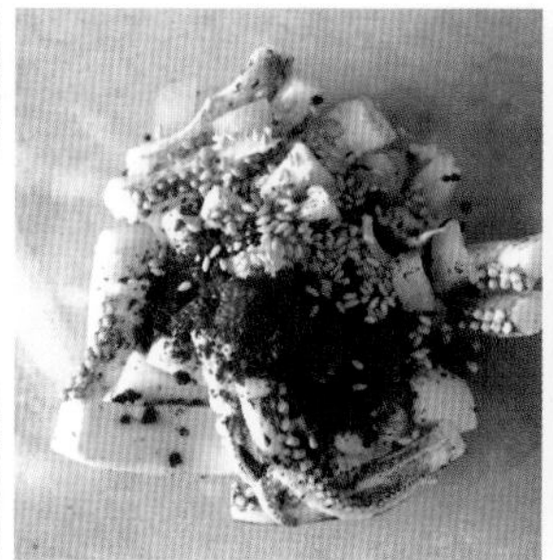

2 ▷ 먼저 흐르는 물에 오징어를 씻은 다음 몸통 안으로 손가락을 넣어 내장을 천천히 잡아당기면서 꺼내고 뼈도 쭉 빼낸다.

▷ 가위로 내장과 다리를 잘라 분리하고, 다리 안쪽의 입과 눈을 제거한 다음 몸통은 반을 갈라 펼친다.

▷ 손질한 오징어에 약간의 밀가루를 뿌려 손으로 주무르면서 닦고 2회 정도 헹군 다음 체에 밭쳐 물기를 뺀다.

▷ 준비한 오징어는 끓는 물에 넣고 2분 정도 데쳐 곧바로 찬물로 가볍게 헹군 다음 물기를 완전히 닦는다.

▷ 데친 오징어는 먹기 좋게 잘라 분량의 양념(다진 마늘 1/2작은술, 고춧가루 2작은술, 간장 1작은술, 액젓 1/2작은술, 올리고당 1/2작은술, 참기름 1작은술, 참깨 1작은술)을 넣고 조물조물 무친다.

3 고슬고슬하게 지은 흑미밥은 볼에 담고 분량의 양념(참기름 1작은술, 소금 0.5g)을 넣어 골고루 섞어 한 김 식힌다.

김밥 말기

1 먼저 김을 4등분으로 자르고, 준비한 흑미밥을 30g씩 4덩이로 나눈다.

2 자른 김 1장 위에 가장자리만 조금 남겨 두고 흑미밥 한 덩이를 고르게 펼쳐 깐 다음 단단하게 돌돌 만다.

3 나눔 접시(112 식판)에 완성한 흑미 김밥, 해초 샐러드, 오징어무침을 각각 담는다.

- 오징어무침과 해초 샐러드를 따로따로 준비해도 되지만, 매콤한 오징어 해초 샐러드로 만들어보세요. 데친 오징어를 해초 샐러드에 넣고 고춧가루, 다진 청양고추 등 매콤한 양념을 추가해 함께 버무리면 따로따로 만들지 않아 만드는 과정이 간소해집니다.
- 만든 흑미 김밥 겉면에 들기름 등을 바르고 약간의 참깨를 솔솔 뿌려도 됩니다.

Cutting 8 : 서리태 근대 김밥

혈당 관리에 도움을 준다고 알려진 서리태를 삶아 으깬 다음 무스비 스타일의 김밥으로 만들어보세요. 특히 으깬 서리태가 씹을수록 고소해 맛있게 한 끼 즐길 수 있는 당뇨식입니다. 매콤한 맛으로 찐 근대를 무쳐 넣으니 개운하고 서리태와 의외로 참 잘 어울립니다.

☐ 김 1장

+ 당질 제한 밥

☐ 삶은 검은콩(서리태) 160g

☐ 콩 삶은 물 2큰술(삶은 콩을 으깰 때 사용)

+ 김밥 재료

☐ 찐 근대 150g

+ 근대 무침 양념

☐ 다진 마늘 1/2작은술

☐ 고추장 1/2작은술

☐ 된장 1작은술

☐ 참깨 1작은술

김밥 재료 준비하기

1 ▷ 검은콩은 깨끗하게 씻은 후 콩이 충분히 잠길 정도로 물을 넉넉히 붓고 반나절 이상 불린다.

▷ 불린 콩은 냄비에 담고 콩의 2배 이상 되는 물을 붓고 강불에서 끓이면서 익힌다.

▷ 바글바글 끓으면 중불에서 20분 정도 더 익히다가 약불에서 10분 정도 더 삶는다. 이때 끓일 때 생기는 거품은 걷어낸다.

▷ 불을 끈 다음 뚜껑을 덮고 5분 정도 뜸 들이면서 식힌다. 삶은 콩은 조리도구를 이용해 으깬다. 이때 콩 삶은 물 2큰술을 넣으면 좀 더 쉽게 으깰 수 있다.

Guide 당질 제한을 위해 으깬 검은콩의 양은 140~180g 중 조절해서 넣으면 됩니다.

2 ▷ 근대는 줄기 쪽 억센 부분은 잘라내고 깨끗하게 씻어 준비하고, 찜기에 물을 담아 팔팔 끓인다.

▷ 찜기에 물이 끓어 김이 오르면 근대를 넣고 2분 정도 찐다.

▷ 찐 근대는 곧바로 찬물로 헹궈 물기를 꼭 짜낸 다음 먹기 좋게 쫑쫑 썬다.

▷ 준비한 근대를 볼에 담고 분량의 양념(다진 마늘 1/2작은술, 된장 1작은술, 고추장 1/2작은술, 참깨 1작은술)을 넣어 조물조물 무친다.

김밥 말기

1 사각 김밥 틀을 준비한다. 먼저 김을 깔고 사진과 같이 김 가운데에 사각 김밥 틀을 올리고, 으깬 검은콩의 절반 양을 꼭꼭 눌러 담는다.

2 으깬 검은콩 위에 양념으로 버무린 근대를 듬뿍 얹는다.

3 근대 위에 남은 절반의 검은콩을 꾹꾹 눌러 담는다.

4 틀을 제거한 다음 김으로 재료를 감싸 모양을 잡으면서 마무리한다.

- 근대 무침은 넉넉히 만들어 반찬으로 활용해도 좋아요. 또 근대를 무칠 때 청양고추를 다져 넣거나, 고추장과 된장의 양을 바꿔 매운맛을 더 추가해도 됩니다.
- 검은콩을 너무 오래 삶으면 메주 냄새가 날 수 있으니 주의하고, 으깰 때는 곱게 으깨지 않고 약간 입자가 있게 으깨면 됩니다. 또 조리 시 한꺼번에 많은 양의 서리태를 삶아야 한다면 삶은 물과 함께 밀폐 용기에 담아 김치냉장고에 보관하면 일주일 정도는 괜찮아요.
- 서리태를 넉넉하게 구매하려면 묵은 서리태도 나쁘지는 않지만 10~11월쯤 수확시기에 구입하면 신선한 콩을 구입할 수 있어요.

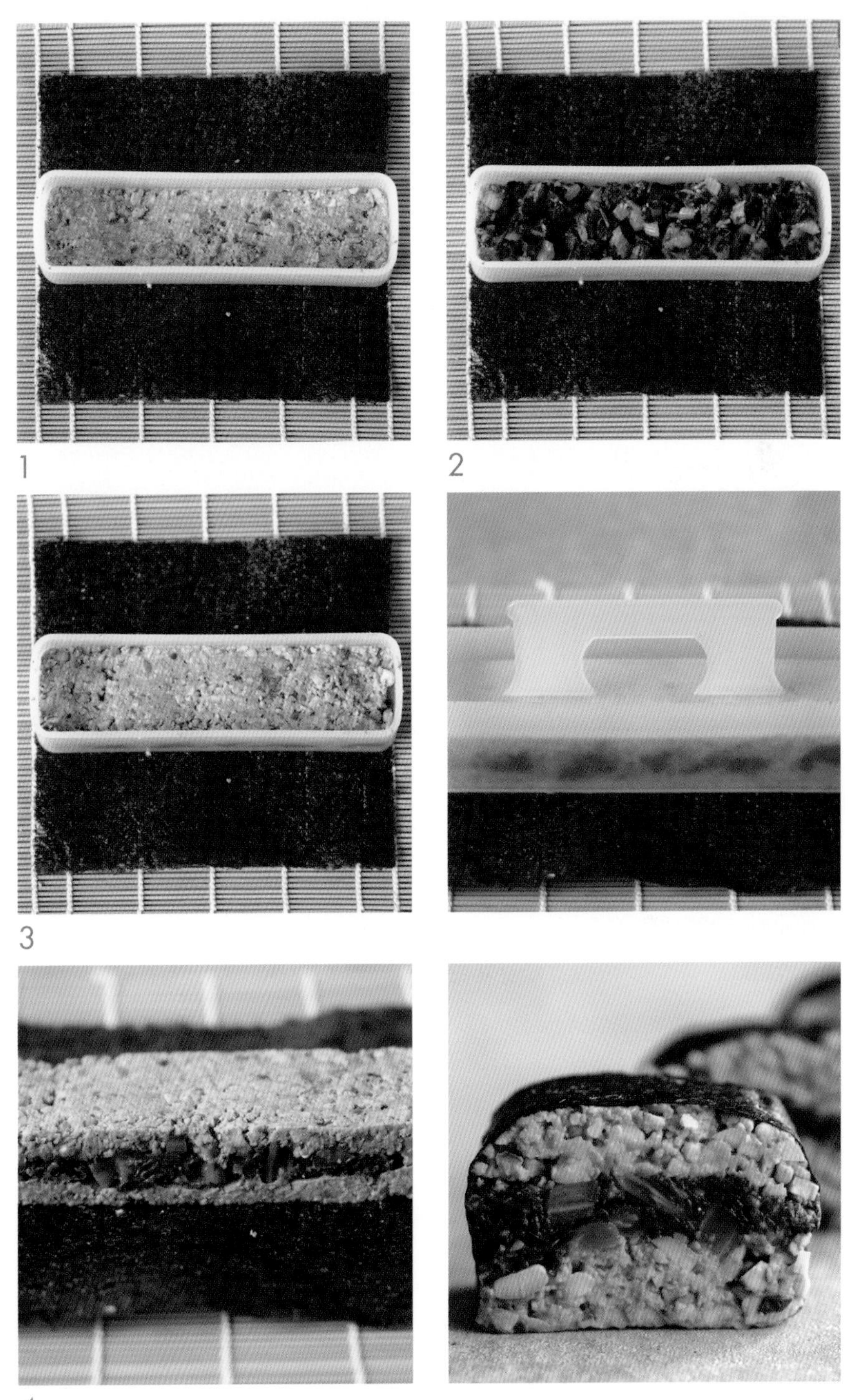
1
2
3
4

Choice 3
상큼한 맛 커팅 김밥

높은 혈당은 체내 염증 물질을 증가시켜 다양한 질환을 야기하고 노화를 가속합니다. 따라서 식후 혈당 스파이크를 관리하는 것은 내 몸의 노화 속도를 늦추는 가장 현실적인 방법입니다. 그러니 착한 탄수화물과 가까워지는 것부터 시작하세요. 매일 먹는 밥부터 검은콩, 흰강낭콩, 렌틸콩, 병아리콩 등 콩 1~2가지와 현미, 흑미, 귀리, 퀴노아, 카무트, 파로 등 곡물 2~3가지를 섞은 잡곡밥으로 바꾸세요. 이렇게 비정제 통곡물에 원시 곡물과 콩을 더한 잡곡밥은 식이섬유와 식물성 단백질이 풍부해 포만감 좋은 한 끼 식사가 가능합니다. 이 외에도 돼지감자 등 혈당에 좋은 착한 탄수화물 식재료를 밥 지을 때 섞거나 밥 대신 섭취해도 좋아요. 이처럼 혈당 스파이크를 이기는 대표 식재료를 꾸준히 섭취하면 당뇨를 예방하고, 만성 염증을 억제해 결국 저속노화를 실현할 수 있습니다. 상큼한 맛의 커팅 김밥은 착한 탄수화물 하나하나의 가치를 깨닫게 하는 첫 시작이 될 것입니다.

Cutting 9 : 마약 흑미 김밥

'마약 김밥'을 응용한 '마약 흑미 김밥'은 3가지 채소 무, 당근, 시금치만 넣었지만 먹고 나면 또 생각나는 맛입니다. 간단한 양념으로 3가지 채소의 맛을 돋우며 흑미밥과 잘 어울리는 조합입니다. 특히 코끝이 찡해지는 연겨자 커팅소스에 듬뿍 찍어 먹으니 중독성이 강한 김밥 맛입니다.

- ☐ 김 1장

+ 당질 제한 밥
- ☐ 흑미밥 100g

+ 밥 양념
- ☐ 참기름 1작은술
- ☐ 소금 0.5g

+ 김밥 재료
- ☐ 무 45g
- ☐ 당근 25g
- ☐ 시금치 100g

+ 무채 절임 양념
- ☐ 식초 1작은술
- ☐ 설탕 1작은술
- ☐ 소금 1g

+ 당근 볶음 양념
- ☐ 아보카도오일 1작은술
- ☐ 소금 0.2g

+ 시금치 무침 양념
- ☐ 참기름 1작은술
- ☐ 참깨 1작은술
- ☐ 소금 0.5g

+ 연겨자 커팅소스
- ☐ 연겨자 1/2~1작은술(취향껏)
- ☐ 간장 1작은술
- ☐ 생수 1작은술
- ☐ 식초 1작은술
- ☐ 올리고당 1/2작은술(생략 가능)

김밥 재료 준비하기

1 ▷ 무는 껍질을 벗겨낸 다음 깨끗하게 헹구고 물기를 닦는다.

▷ 2㎝ 두께로 잘라 토막을 낸 다음 무의 단면이 바닥을 향하도록 눕힌다. 약간 도톰한 정도로 납작하게 썬 다음 보통 굵기로 채 썬다. 채 칼을 이용해 약간 도톰하게 채 썰어도 된다.

▷ 채 썬 무에 분량의 양념(식초 1작은술, 설탕 1작은술, 소금 1g)을 넣고 조물조물 버무린 다음 10분 정도 냉장고에 두고 새콤하게 절인다.

2 ▷ 먼저 당근에 묻은 흙을 흐르는 물에 깨끗하게 씻고, 필러로 지저분한 껍질 부분을 벗겨낸 다음 헹군다.

Guide 당질 제한을 위해 양념에서 설탕과 올리고당의 양을 조절하거나 생략해도 됩니다.

▷ 씻은 당근은 물기를 닦아내고 곱게 채를 썬다.

▷ 예열한 팬에 아보카도오일을 두르고 채 썬 당근과 소금을 넣고 볶는다. 이때 숨이 살짝 죽을 정도로만 중불에서 볶으면 된다.

3 분량의 소스 재료(연겨자 1/2작은술, 간장 1작은술, 생수 1작은술, 식초 1작은술, 올리고당 1/2작은술)를 잘 섞어 연겨자 커팅소스를 준비한다.

4 ▷ 시금치는 꼭지를 잘라내고 누런 잎은 떼어낸 다음 3회 정도 헹궈 흙 등을 말끔하게 씻어 체에 밭친다.

▷ 끓는 물에 준비한 시금치를 넣고 30초 정도 데친 다음 곧바로 찬물로 헹궈 물기를 꼭 짜낸다.

▷ 물기 짠 시금치에 분량의 양념(참기름 1작은술, 참깨 1작은술, 소금 0.5g)을 넣어 조물조물 무친다.

5 고슬고슬하게 지은 흑미밥을 볼에 담고 분량의 양념(참기름 1작은술, 소금 0.5g)을 넣어 골고루 잘 섞으면서 한 김 식힌다.

김밥 말기

1 먼저 김 전장을 4등분으로 자르고, 준비한 흑미밥도 25g씩 4등분으로 나눈다. 자른 김 1장을 깔고 흑미밥 25g을 담아 자른 김의 3/4지점까지 골고루 펼쳐 깐다.

2 볶은 당근을 밥 위에 올리고, 절인 무는 물기를 꼭 짠 다음 흑미밥 위에 올린다. 시금치도 가지런히 올려 김으로 단단하게 돌돌 만다. 나머지 자른 김 3장도 같은 방법으로 마저 만다.

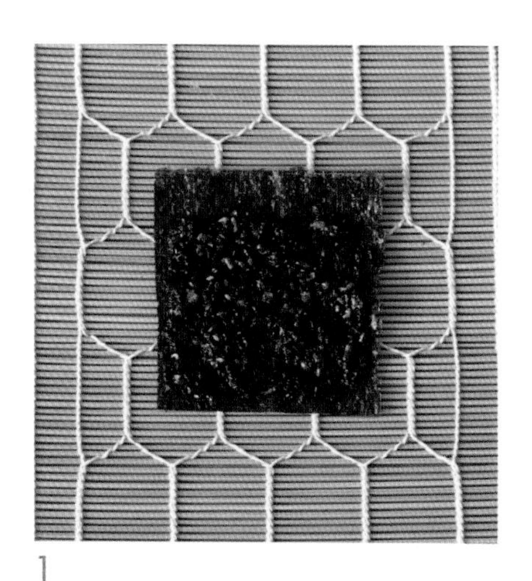

1

2

- 당근을 볶는 대신 무와 같은 양념으로 새콤하게 절여서 넣어도 맛있어요. 다만 당근은 설탕을 제외한 나머지 양념으로 절이면 됩니다.
- 시금치는 데쳐서 무치는 과정 대신 팬에 물기 제거한 시금치를 담고 약간의 식용유와 소금 간을 하면서 볶다가 참기름, 참깨를 넣어 섞어도 됩니다.
- 김밥을 찍어 먹을 연겨자 커팅소스는 연겨자의 양을 취향껏 조절해서 넣으면 되고, 들깻가루나 볶은 콩가루를 약간 추가해도 맛있어요.

Cutting 10 : 흰강낭콩 무스비 김밥

혈당 조절에 도움을 준다고 알려진 흰강낭콩은 당뇨 질환자에게는 유익한 식재료입니다. 또 체중 조절 식단에 자주 활용되기도 하는데, 포슬포슬하게 삶은 흰강낭콩은 그냥 먹어도 맛있지만 무스비 스타일로 만들어보세요.
밤처럼 고소한 흰강낭콩에 사과와 마를 넣으니 상큼한 당뇨식 김밥이 됩니다.

- ☐ 김 1장

+ 당질 제한 밥
- ☐ 삶은 흰강낭콩 160g

+ 으깬 흰강낭콩 양념
- ☐ 올리브오일 1큰술
- ☐ 레몬즙 1작은술
- ☐ 파슬리가루 1작은술
- ☐ 소금 0.2g

+ 김밥 재료
- ☐ 사과 80g
- ☐ 마 80g

김밥 재료 준비하기

1 ▷ 먼저 흰강낭콩을 2회 정도 헹군 다음 콩 분량의 2배 이상 되는 찬물을 넉넉히 붓고 12시간 정도 충분히 불린다.

▷ 깊고 넓은 냄비에 불린 흰강낭콩을 건져 담고 콩의 2배 정도 되는 생수를 붓고 20분 정도 삶는다.

▷ 강불에서 익히다가 물이 바글바글 끓으면 중불로 조절한 다음 5분 정도 더 삶는다. 이때 콩 삶는 중간에 거품이 파르르 끓어오르면서 넘칠 수 있으니 주의한다.

▷ 삶은 강낭콩은 뜨거울 때 건져 볼에 담고 으깬다.

Guide 당질 제한을 위해 삶은 흰강낭콩의 양은 140~200g 중 조절해서 넣으세요.

2 으깬 콩에 분량의 양념(올리브오일 1큰술, 레몬즙 1작은술, 파슬리가루 1작은술, 소금 0.2g)을 넣고 섞으면서 한 김 식힌다.

3 ▷ 사과는 깨끗이 씻은 다음 씨는 제거하고 껍질째 얇게 모양대로 썬다.
▷ 마는 껍질을 벗겨내고 흐르는 물에 헹군 다음 물기를 닦고 사과와 비슷한 크기로 얇게 썬다.

김밥 말기

1 먼저 김을 깔고 김 가운데에 사각 김밥 틀을 올린 후 양념으로 버무린 흰강낭콩의 절반 양을 꾹꾹 눌러 담는다.

2 흰강낭콩 위에 얇게 썬 마를 차곡차곡 가지런히 올린다.

3 마 위에 얇게 썬 사과를 차곡차곡 가지런히 얹는다.

4 사과 위에 나머지 흰강낭콩의 절반 양을 꾹꾹 눌러 담는다.

5 누름판으로 꾹 누른 다음 틀을 제거한다. 김으로 재료를 감싸 사각 모양을 잡으면서 고정한다.

- 으깬 흰강낭콩이 다소 퍽퍽할 수 있는데, 올리브오일을 넣으면 촉촉해져 먹을 때 부드럽게 잘 넘어갑니다.
- 흰강낭콩은 마른 콩이므로 먼저 물에 담가 충분히 불려야 삶을 때 시간을 단축할 수 있어요. 더운 여름에는 냉장고에 두고 불리는 게 좋아요. 삶는 시간은 30분 이내가 적당한데, 너무 무르지 않고 약간 사각거리는 정도로 삶아야 콩의 당부하지수(GL)가 높아지지 않아 보다 건강하게 섭취할 수 있어요. 또 삶을 때 약간의 소금을 넣으면 콩 맛이 좋아집니다.
- 만든 김밥 겉면에 올리브오일을 발라도 좋고, 토마토 베이스의 소스나 키토 마요네즈에 찍어 먹어도 잘 어울려요.

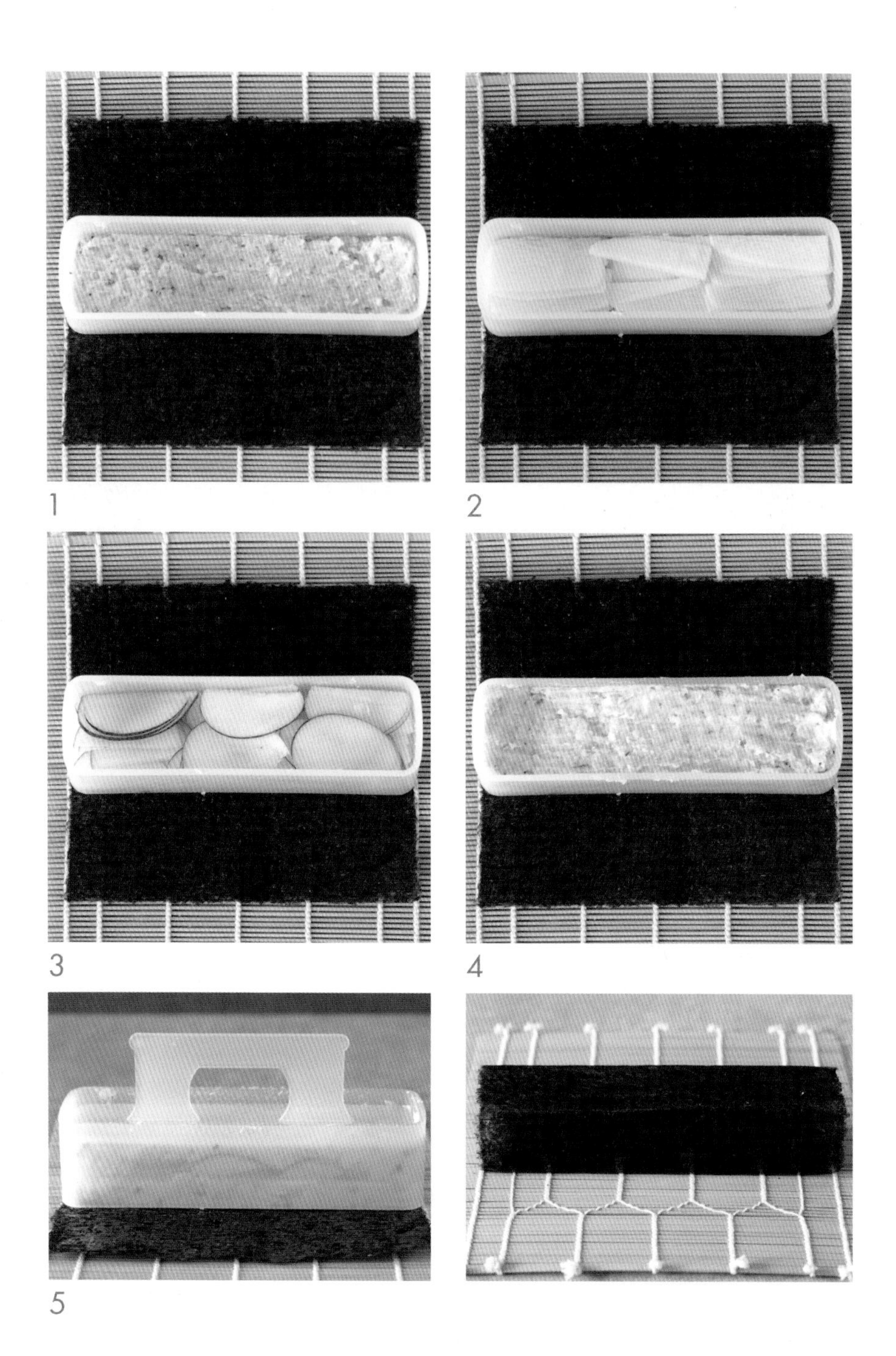

흰강낭콩은 착한 탄수화물 식품이면서 양질의 단백질 식품입니다.
흰강낭콩의 파세올라민 성분은 혈당 스파이크를 일으키지 않습니다.

| 흰강낭콩 활용법 |

삶은 흰강낭콩은 밤과 비슷한 맛과 식감이 나는데, 삶은 흰강낭콩을 간식으로 활용해도 되지만 채소 샐러드에 넣어서 먹으면 당질 제한 식단으로 좋아요. 또 밥을 할 때 불린 흰강낭콩을 섞어도 좋고, 스프나 반찬용 콩조림, 막대 채소를 찍어먹는 소스, 샌드위치 스프레드 소스 등 다양하게 활용 가능합니다. 삶은 흰강낭콩에 우유와 꿀을 소량 넣고 갈아 한 끼 식사로 먹어도 든든합니다. 이렇게 활용도가 높은 흰강낭콩은 한 번 삶을 때 넉넉하게 만들어 1회분씩 소분해 냉동 보관하세요.

Cutting 11 : 돼지감자 오이 김밥

'천연 인슐린'이라고 불릴 정도로 이눌린이 풍부한 돼지감자를 부드럽게 쪄서 밥 대신 넣고 김밥을 말아보세요. 고소한 돼지감자에 신선한 오이와 셀러리가 무척 잘 어우러져 입안 가득 행복해지는 맛입니다. 특히 토마토 베이스의 상큼 매콤한 소스를 곁들이면 개운한 맛과 함께 포만감까지 주니 식단 관리에 도움이 됩니다.

- ☐ 김 1장

+ 당질 제한 밥
- ☐ 으깬 돼지감자 160g

+ 김밥 재료
- ☐ 오이 100g
- ☐ 셀러리 100g

+ 오이와 셀러리 절임 양념
- ☐ 올리브오일 2작은술
- ☐ 식초 2작은술
- ☐ 소금 1g

+ 토마토 커팅소스
- ☐ 토마토 페이스트 3큰술
- ☐ 다진 청양고추 1큰술
- ☐ 다진 바질 1큰술

김밥 재료 준비하기

1 ▷ 돼지감자는 가볍게 헹궈 흙을 걷어낸 다음 필러로 껍질을 벗겨 말끔히 헹군다.
▷ 찜기에 물이 팔팔 끓어 김이 오르면 돼지감자를 넣고 최대 20분 이내로 찐다.
▷ 찐 돼지감자는 뜨거울 때 볼에 담아 으깬 다음 한 김 식힌다.

Guide 당질 제한을 위해 으깬 돼지감자의 양은 160~200g 중 조절해서 넣으세요.

2 ▷ 오이와 셀러리는 깨끗하게 씻어 어슷어슷 얇게 썬다.

▷ 볼에 준비한 오이와 셀러리를 담고 분량의 양념(올리브오일 2작은술, 식초 2작은술, 소금 1g)을 넣어 버무린 후 절인다.

▷ 10분 정도 절인 후 오이와 셀러리의 물기를 꼭 짜낸다.

3 ▷ 깨끗하게 씻은 청양고추와 바질은 물기를 제거한 다음 다진다.

▷ 볼에 토마토소스, 다진 청양고추와 바질을 담고 잘 섞어 소스를 만든다.

김밥 말기

1 사각 김밥 틀을 준비한다. 먼저 김을 깔고 김 가운데에 사각 김밥 틀을 올린 후 으깬 돼지감자의 절반 양을 꼭꼭 눌러 담는다.

2 돼지감자 위에 오이와 셀러리를 듬뿍 담고, 그 위에 나머지 돼지감자의 절반 양을 꼭꼭 눌러 담는다.

3 누름판으로 꾹 누른 다음 틀을 제거한다. 김으로 재료를 감싸 사각 모양을 잡으면서 고정한다.

4 만든 김밥은 먹기 좋게 한입 크기로 썰어 접시에 담고 토마토 커팅소스도 곁들인다.

- 곁들이는 커팅소스는 토마토 베이스로 만들어 상큼하고, 다진 청양고추와 바질을 넣어 토마토의 단맛을 증가시켜 따로 단맛의 양념을 추가하지 않아도 맛이 좋아요. 김밥을 먹을 때 듬뿍 찍어 먹어도 됩니다.
- 돼지감자를 찔 때 익는 시간이 많이 소요되면 당부하지수(GL)가 높아질 수 있으므로 물이 팔팔 끓어 김이 오른 상태에 돼지감자를 넣고 찌는 게 좋습니다. 또 너무 부드럽게 찌는 것보다 약간 사각거리는 정도로 익히는 것이 혈당 관리에는 더 유익해요.

돼지감자의 이눌린 성분은 당뇨병을 예방하고 관리하는 데 효과가 있습니다.
돼지감자는 쪄서 먹거나 말려서 차처럼 끓여 마시면 됩니다.

| 돼지감자 활용법 |

돼지감자를 꾸준히 먹을 수 있는 방법 중 하나는 차로 끓여 마시는 것입니다. 이 경우 돼지감자를 얇게 저며 건조기를 이용하거나 그늘진 곳에 펼쳐 담아 잘 말린 다음 냉동고에 두고 보관하면 됩니다. 또 간장 장아찌를 담아 사계절 내내 밑반찬으로 먹어도 좋아요. 깨끗이 씻은 돼지감자를 물기를 제거한 다음 용기에 담아 절임 양념장을 붓고 일주일 정도 숙성시키면 됩니다. 이때 절임 양념장은 '간장 1 : 식초 1 : 비정제 원당 0.8 : 물 1' 비율로 섞어서 끓이면 됩니다. 이렇게 만든 장아찌는 아삭아삭한 씹는 식감이 좋고, 구수한 뒷맛이 참 매력적이에요.

Cutting 12 : 후무스 양상추 김밥

이집트콩으로도 불리는 '병아리콩'은 혈당 관리에 도움을 주므로 당뇨 식단에 활용하기 좋아요. 삶은 병아리콩을 샐러드에 넣어 먹기도 하지만 '후무스'처럼 양념을 해 밥 대신 김밥으로 만들어보세요. 특히 양상추만 듬뿍 넣은 후무스 김밥은 빛깔도 예쁘고 아삭하면서 상당히 신선한 맛이 납니다.

- ☐ 김 1장

+ 당질 제한 밥
- ☐ 삶은 병아리콩 200g

+ 으깬 병아리콩 양념
- ☐ 고운 고춧가루 1작은술
- ☐ 올리브오일 1큰술
- ☐ 레몬즙 1작은술
- ☐ 소금 0.3g

+ 김밥 재료
- ☐ 양상추 80g

김밥 재료 준비하기

1 ▷ 먼저 병아리콩을 2회 정도 헹군 다음 콩 분량의 2배 이상 되는 찬물을 넉넉히 붓고 12시간 정도 충분히 불린다.

▷ 깊고 넓은 냄비에 불린 병아리콩을 건져 담고 콩의 2배 정도 되는 생수를 붓고 소금 1g을 넣어 섞는다.

▷ 강불에서 끓이다가 물이 바글바글 끓으면 중불로 조절해 20분 정도 삶는다. 이때 콩 삶는 중간 거품이 파르르 끓어오르면서 넘칠 수 있으니 주의하고 중간에 거품을 걷어내면서 익힌다.

Guide 당질 제한을 위해 삶은 병아리콩의 양은 140~200g 중 조절해서 넣으세요.

2 ▷ 삶은 병아리콩은 뜨거울 때 건져 볼에 담고 으깬다.

▷ 으깬 콩에 분량의 양념(고운 고춧가루 1작술, 올리브오일 1큰술, 레몬즙 1작은술, 소금 0.3g)을 넣고 섞으면서 한 김 식힌다.

3 양상추는 깨끗이 씻어 탈수기나 키친타월 등을 이용해 물기를 완전히 제거한다.

김밥 말기

1 사각 김밥 틀을 준비한다. 먼저 김을 깔고 김 가운데에 사각 김밥 틀을 올린 후 준비한 병아리콩의 1/2분량을 꾹꾹 눌러 담는다.

2 병아리콩 위에 물기 제거한 양상추를 차곡차곡 가지런히 얹는다.

3 양상추 위에 남은 병아리콩의 절반 양을 꾹꾹 눌러 담는다.

4 누름판으로 꾹 누른 다음 틀을 제거하고, 김으로 재료를 감싸 사각 모양을 잡으면서 고정한다.

- 삶은 병아리콩과 양념을 한꺼번에 블렌더로 갈아도 됩니다.
- 콩을 완전히 무르게 익히지 않고 불을 끈 다음 뚜껑을 덮어두면 잔열 상태에서 충분히 잘 익으니 그대로 식히면 됩니다.
- 삶은 병아리콩을 1회분씩 소분해서 냉동 보관하면 자주 활용하게 됩니다. 또 삶지 않고 충분히 불린 병아리콩도 1회분씩 소분해 두었다가 밥 지을 때 활용하세요. 또 흰강낭콩처럼 삶은 병아리콩을 샐러드에 넣어도 되지만, 삶은 병아리콩에 물, 간장, 꿀, 맛술을 넣고 검은콩처럼 콩자반으로 만들면 꾸준히 먹을 수 있습니다.
- 김밥 겉면에 올리브오일을 추가로 발라도 되고, 먹을 때는 키토 마요네즈나 갈릭 레몬 크림(만드는 법 89쪽) 키토소스에 김밥을 찍어 먹어도 잘 어울려요.

불리지 않고 콩 삶는 방법

- 마른 콩 200g, 물 1ℓ, 소금 5g

① 준비한 콩을 채반에 펼쳐 담고 꼼꼼히 확인해가며 이물질과 썩은 것을 골라낸 다음 깨끗이 씻는다.

② 냄비에 콩과 물, 소금을 넣고 잘 섞은 다음 끓인다.

③ 끓어오르면 불을 중약불로 조절한 다음 뚜껑을 완전히 덮지 않고 비스듬히 열어둔 채 20~40분 정도 삶는다.

④ 콩을 하나 건져 익은 상태를 확인한 후 불을 끄고 냄비 뚜껑을 덮어 잔열로 뜸 들이면서 식힌다.

만능 밥장 현미 김밥

'밥장'은 이름처럼 밥과 잘 어울리는 양념장으로 김밥에 넣기 좋아요. 이렇게 다른 김밥 재료를 넣지 않고 오직 현미밥과 '밥장'만으로 만든 저탄 김밥을 '밥장 김밥'이라고 합니다. 물론 다양한 채소를 넣고 말아도 되지만 신선한 샐러드를 약간 곁들여 먹는 것을 추천합니다. '밥장'은 김밥 외에도 쌈밥과 비빔밥 등 밥을 넣은 음식에 두루두루 활용하기 좋아 만들어두면 편한 만능 양념장입니다.

▶ 밥장 김밥에 같은 비율의 현미와 찰현미로 지은 '현미밥'을 넣으면 김밥 말기 딱 좋아요.
▶ 김 1/4장 기준 현미밥 30~40g과 밥장 20~25g을 넣고 꼬마 김밥처럼 말면 됩니다.
▶ 밥장 김밥에 채소를 넣어도 되지만 따로 채소 샐러드를 곁들이는 것을 추천합니다.
▶ 밥장 김밥은 다른 음식과도 잘 어울리며, 도시락 메뉴로 활용하기 좋아요.

PLUS
RECIPE

만능 밥장
현미 김밥

1 : 멸추밥장 현미 김밥

뚝배기에 잘 우려낸 멸치육수를 담고 간장 몇 술과 칼칼하게 매운 청양고추를 듬뿍 다져 넣어 자글자글 끓인 여름 반찬 하나가 떠오릅니다. '멸추밥장'은 그렇게 누군가에게 추억의 음식으로 기억되는 '고춧물' 반찬을 응용했어요. 다진 청양고추에 잔멸치를 볶아 넣고 달콤한 간장 양념으로 자작하게 조리면 됩니다. 갓 지은 뜨거운 밥에 '멸추밥장' 한술 올려 쓱쓱 비벼 먹으면 입안이 얼얼해지도록 맛있게 매워요.

+ **김밥 재료**(꼬마김밥 4개 분량)

- [ ] 김 1장
- [ ] 현미밥 120g(들기름 1작은술)
- [ ] 멸추밥장 80g

+ **밥장 재료**

- [ ] 잔멸치 30g
- [ ] 청양고추 100g(취향껏 조절)

+ **밥장 양념**

- [ ] 다진 마늘 1작은술
- [ ] 간장 1큰술
- [ ] 맛술 1큰술
- [ ] 올리고당 1작은술
- [ ] 생수 3큰술

밥장 준비하기

1 ▷ 예열한 팬에 기름을 두르지 않고 중약불에서 잔멸치를 노릇노릇 바삭하게 볶는다. 이렇게 볶아야 멸치의 비린 맛이 사라져 감칠맛이 좋아진다.

▷ 볶은 멸치는 체에 담고 탈탈 털어 부스러기를 제거한다.

2 ▷ 청양고추는 꼭지를 떼어내고 깨끗하게 씻어 물기를 제거한다.

▷ 준비한 청양고추는 쫑쫑 썬 다음 잘게 다진다.

PLUS RECIPE

만능 밥장 현미 김밥 1

3 냄비에 볶은 잔멸치와 다진 청양고추를 담고, 분량의 양념(다진 마늘 1작은술, 간장 1큰술, 맛술 1큰술, 올리고당 1작은술, 생수 3큰술)을 넣어 잘 섞은 다음 중약불에서 자작하게 조린다.

4 만든 멸추밥장은 그릇에 담아 한 김 식힌다. 만일 넉넉한 양을 만든다면 한 김 식힌 후 용기에 담아 냉장 보관하면 된다.

밥 준비하기

1 '현미밥'을 지을 때는 현미와 찰현미를 같은 비율로 한다. 여러 번 씻은 다음 30분 정도 찬물에 담가 불린 후 그 물을 버리고 다시 밥물을 잡아 2시간 정도 불린 후 밥을 짓는다.

2 고슬고슬하게 지은 현미밥은 주걱을 세워 밥알이 으깨지지 않도록 골고루 섞은 다음 한 김 식힌다. 이때 밥에 들기름 1작은술을 섞거나 김밥을 만 다음 김에 덧바른다.

김밥 말기

1 김 전장을 4등분으로 자르고, 준비한 현미밥도 30g씩 4등분으로 나눈다. 먼저 자른 김 1장을 깔고 현미밥 30g을 자른 김의 4/5지점까지 골고루 펼쳐 담는다.

2 현미밥 위에 멸추밥장 20g을 올린 후 단단하게 돌돌 만다. 나머지 자른 김 3장과 밥, 밥장을 넣고 같은 방법으로 마저 만다.

- 잔멸치 대신 멸치가루를 사용해도 됩니다. 멸치가루는 먼저 멸치를 고슬고슬하게 볶은 다음 곱게 갈아 고추를 조릴 때 넣으면 됩니다.
- 멸추밥장은 냉장고에서 최대 일주일 정도 보관하면 되고, 5일 이내로 먹으면 대체로 맛이 변하지 않고 맛있게 먹을 수 있어요.
- 멸추밥장 활용법 : 쌈밥, 잔치국수와 칼국수 고명, 하얀 순두부와 두부 지짐의 양념장

2 : 참치밥장 현미 김밥

입맛 없을 땐 통조림 참치 하나가 요긴하게 쓰일 때가 많지요.
매콤한 고추장 양념으로 '참치밥장'을 만들어두면 맨밥에 쓱쓱 비벼 먹기에도,
채소 쌈을 먹을 때에도 활용하기 참 좋아요. 그런데 참치밥장은 현미밥과
김으로 말면 가장 맛있어요. 특히 고수를 좋아한다면 '참치밥장'에 취향껏
다져 넣어보세요. 향긋한 게 아주 매력적이에요.

+ 김밥 재료(꼬마김밥 4개 분량)

- ☐ 김 1장
- ☐ 현미밥 120g(들기름 1작은술)
- ☐ 참치밥장 80g

+ 밥장 재료

- ☐ 통조림 참치살 170g
- ☐ 고수 10g(취향껏 조절)

+ 밥장 양념

- ☐ 고추장 1큰술
- ☐ 맛술 1큰술
- ☐ 올리고당 1작은술
- ☐ 참기름 1작은술

밥장 준비하기

1 통조림 참치는 체에 밭쳐 통조림 국물을 쪽 빼서 참치살만 준비한다.

2 고수는 지저분한 잎과 질긴 부분은 제거한다. 손질한 고수는 깨끗이 씻어 물기를 제거한 다음 잘게 쫑쫑 다진다.

3 팬에 참치와 분량의 밥장 양념(고추장 1큰술, 맛술 1큰술, 올리고당 1작은술, 참기름 1작은술)을 넣고 잘 섞은 다음 약불에서 5분간 볶는다.

4 불을 끄고 마지막에 준비한 고수를 넣고 골고루 섞으면서 한 김 식힌다.

PLUS
RECIPE

만능 밥장
현미 김밥
2

밥 준비하기

1 '현미밥'을 지을 때는 현미와 찰현미를 같은 비율로 한다. 먼저 여러 번 씻은 다음 30분 정도 찬물에 담가 불린 후 그 물을 버리고 다시 밥물을 잡아 2시간 정도 불린 후 밥을 짓는다.

2 고슬고슬하게 지은 현미밥은 주걱을 세워 밥알이 으깨지지 않도록 골고루 섞은 다음 한 김 식힌다. 이때 밥에 들기름 1작은술을 섞거나 김밥을 만 다음 김 겉면에 덧바른다.

김밥 말기

1 김 전장을 4등분으로 자르고, 준비한 현미밥도 30g씩 4등분으로 나눈다. 먼저 자른 김 1장을 깔고 현미밥 30g을 자른 김의 4/5지점까지 골고루 펼쳐 담는다.

2 현미밥 위에 참치밥장 20g을 올린 후 단단하게 돌돌 만다. 나머지 자른 김 3장과 밥, 밥장을 넣고 같은 방법으로 마저 만다.

- 고추장 대신 고추장과 된장을 같은 비율로 넣거나 참깨를 곱게 갈아 추가해도 됩니다. 또 고소한 키토 마요네즈를 섞어 김밥이나 샌드위치로 먹어도 맛있어요.
- 고수를 좋아한다면 넉넉하게 넣을수록 맛있고, 고수 대신 부추나 쪽파, 깻잎을 다져 넣어도 됩니다. 다만 볶을 때 채소의 물기를 완전히 제거해야 김밥을 말 때 눅눅해지지 않아요.
- 참치밥장 활용법 : 비빔밥 양념장, 채소 쌈장, 볶음밥 양념장, 월남쌈, 샌드위치

PLUS
RECIPE

만능 밥장 현미 김밥 3

3 : 두부밥장 현미 김밥

'두부밥장'은 포슬포슬하게 볶은 두부에 구수한 된장과 들깨가루를 넣은 밥장입니다. 된장의 짠맛을 두부로 중화하고 들깨가루의 고소함을 더해 포만감도 좋아요. 또 채소와 참 잘 어울려 쌈장으로 활용하기 좋은데, 쌈 채소를 먹을 때마다 자꾸자꾸 생각나게 하는 맛이에요.

+ 김밥 재료(꼬마김밥 4개 분량)

- ☐ 김 1장
- ☐ 현미밥 120g
- ☐ 두부밥장 80g

+ 밥장 재료

- ☐ 두부 300g
- ☐ 다진 대파 1큰술(취향껏 조절)

+ 밥장 양념

- ☐ 다진 마늘 1작은술
- ☐ 된장 2/3큰술
- ☐ 들깨가루 1큰술
- ☐ 들기름 1큰술
- ☐ 올리고당 1작은술(생략 가능)

밥장 준비하기

1 두부는 흐르는 물에 가볍게 헹군 후 키친타월로 물기를 닦는다. 준비한 두부를 예열한 팬에 담고 주걱으로 으깨면서 볶는다. 이때 식용유는 넣지 않고 중불에서 타지 않게 수분을 날리면서 볶는다.

2 깨끗하게 씻은 대파는 물기를 제거한 다음 얇게 썰어 쫑쫑 다진다.

3 두부를 볶은 팬에 준비한 양념(다진 마늘 1작은술, 된장 2/3큰술, 들깨가루 1큰술, 들기름 1큰술, 올리고당 1작은술)과 다진 대파를 넣고 중약불에서 물기가 없어질 때까지 볶는다.

밥 준비하기

1 '현미밥'을 지을 때는 현미와 찰현미를 같은 비율로 한다. 먼저 여러 번 씻은 다음 30분 정도 찬물에 담가 불린 후 그 물을 버리고 다시 밥물을 잡아 2시간 정도 불린 후 밥을 짓는다.

2 고슬고슬하게 지은 현미밥은 주걱을 세워 밥알이 으깨지지 않도록 섞으면서 한 김 식힌다.

김밥 말기

1 김 전장을 4등분으로 자르고, 준비한 현미밥도 30g씩 4등분으로 나눈다. 먼저 자른 김 1장을 깔고 현미밥 30g을 자른 김의 4/5지점까지 골고루 펼쳐 담는다.

2 현미밥 위에 두부밥장 20g을 올린 후 단단하게 돌돌 만다. 나머지 자른 김 3장과 밥, 밥장을 넣고 같은 방법으로 마저 만다.

- 밥장을 볶는 마지막 과정에서 멸치육수 또는 채수를 약간 넣고 자작하게 끓이면 강된장처럼 먹을 수 있어요.
- 김 대신 양배추나 케일, 근대 등을 쪄서 약간의 밥과 두부밥장을 넣고 돌돌 말아도 맛있어요.
- 완성한 김밥에 들기름 또는 참기름을 김 겉면에 약간 바르고 참깨를 솔솔 뿌려도 됩니다.
- 두부밥장 활용법 : 콩나물 비빔밥 등 채소 비빔밥 양념장, 다양한 채소의 쌈장

PLUS
RECIPE
만능 밥장
현미 김밥
4

4 : 황태밥장 현미 김밥

황태는 추운 겨울바람을 쐬며 얼고 녹기를 반복하면서 서서히 건조한 명태를 말해요. 북어보다 좀 더 부드러우면서도 쫄깃한 식감까지 있어 양념만 잘하면 군침 도는 '황태밥장'을 만들 수 있어요. 매콤하게 볶은 '황태밥장'은 김밥으로 말아도 좋고, 밑반찬으로 그냥 먹어도 별미입니다.

+ **김밥 재료**(꼬마김밥 4개 분량)
- ☐ 김 1장
- ☐ 현미밥 120g
- ☐ 황태밥장 80g

+ **밥장 재료**
- ☐ 황태 160g(살만 손질한 양)
- ☐ 참기름 1큰술

+ **밥장 양념**
- ☐ 고추장 1큰술
- ☐ 고춧가루 1큰술
- ☐ 간장 1작은술
- ☐ 맛술 2큰술
- ☐ 참기름 1큰술
- ☐ 참깨 1큰술
- ☐ 올리고당 1큰술

밥장 준비하기

1 황태는 물에 담가 살짝 불린 후 물기를 꼭 짠다. 이때 물에 오랜 시간 담가두지 않도록 주의한다. 물기 짠 황태를 먹기 좋은 크기로 찢는다.

2 팬에 참기름 1큰술을 두른 후 준비한 황태를 넣고 중약불에서 약간 꾸덕꾸덕하게 볶는다. 약불로 줄인 다음 분량의 양념(고추장 1큰술, 고춧가루 1큰술, 간장 1작은술, 맛술 2큰술, 참기름 1큰술, 참깨 1큰술, 올리고당 1큰술)을 넣고 황태에 양념이 스며들게 잘 섞으면서 물기 없이 볶는다.

3 볶은 황태밥장은 그릇에 담아 한 김 식힌다.

밥 준비하기

1 '현미밥'을 지을 때는 현미와 찰현미를 같은 비율로 한 다음 여러 번 씻는다. 씻은 쌀은 30분 정도 찬물에 담가 불리고 그 물은 버린다. 다시 밥물을 잡아 2시간 정도 불린 후 밥을 짓는다.

2 고슬고슬하게 지은 현미밥은 주걱을 세워 밥알이 으깨지지 않도록 섞으면서 한 김 식힌다.

김밥 말기

1 김 전장을 4등분으로 자르고, 준비한 현미밥도 30g씩 4등분으로 나눈다. 먼저 자른 김 1장을 깔고 현미밥 30g을 자른 김의 4/5지점까지 골고루 펼쳐 담는다.

2 현미밥 위에 황태밥장 20g을 올린 후 단단하게 돌돌 만다. 나머지 자른 김 3장과 밥, 밥장을 넣고 같은 방법으로 마저 만다.

- 누런빛이 감돌면서 살이 연한 것일수록 좋은 황태입니다. 황태는 찢는 굵기에 따라 식감 차이가 나는데, 아주 잘게 찢으면 쫄깃함보다 포슬포슬한 식감을 즐길 수 있어요.
- 다시마로 우린 다시마물이나 생수를 약간 추가해 양념이 자작해질 때까지 조리면 맛있는 밑반찬이 됩니다.
- 황태밥장에 쌈 채소를 넣고 살살 버무려 겉절이처럼 먹어도 맛있어요.
- 황태밥장 활용법 : 비빔밥 또는 비빔국수 양념장, 냉면과 냉국수 고명, 쌈장, 겉절이 양념장, 슬라이스 한 마 또는 부친 두부 위에 올려 먹는 소스

5 : 명란밥장 현미 김밥

짭조름하면서 감칠맛이 최고인 '명란'은 참기름이나 마요네즈 등 좋은 기름과 함께 먹는 것이 좋습니다. 이렇듯 명란에 참기름만 뿌려도 되지만 비법 양념을 더하면 입안에서 톡톡 터지는 매력과 함께 더 맛있는 밥장이 됩니다.
특히 김과 잘 어울리는 '명란밥장'을 김밥 소로 넣고 김밥을 말아보세요.

+ **김밥 재료**(꼬마김밥 4개 분량)

- ☐ 김 1장
- ☐ 현미밥 120g(참기름 1작은술)
- ☐ 명란밥장 60~80g(명란 염도에 따라 조절)

+ **밥장 재료**

- ☐ 저염 명란 80g(연한 분홍빛)

+ **밥장 양념**

- ☐ 다진 마늘 1작은술
- ☐ 키토 마요네즈 1큰술
- ☐ 고춧가루 1작은술
- ☐ 참기름 1작은술
- ☐ 참깨 1작은술

밥장 준비하기

1 알이 터지지 않은 싱싱한 명란을 준비해 약간의 소금을 희석한 찬물에 담가 표면을 살살 문지르면서 씻는다. 맑은 물로 한 번 더 헹군 후 키친타월로 물기를 살살 닦는다.

2 준비한 명란은 겉껍질에 칼집을 살짝 넣은 다음 알만 분리해 볼에 담는다. 다만 명란의 껍질에도 영양이 풍부하므로 알만 분리하지 않고 통째로 잘게 다져도 좋다.

3 명란에 분량의 양념(다진 마늘 1작은술, 마요네즈 1큰술, 고춧가루 1작은술, 참기름 1작은술, 참깨 1작은술)을 넣고 잘 어우러지도록 잘 섞는다.

밥 준비하기

1 '현미밥'을 지을 때는 현미와 찰현미를 같은 비율로 한다. 먼저 여러 번 씻은 다음 30분 정도 찬물에 담가 불린 후 그 물을 버리고 다시 밥물을 잡아 2시간 정도 불린 후 밥을 짓는다.

2 고슬고슬하게 지은 현미밥은 주걱을 세워 밥알이 으깨지지 않도록 골고루 섞은 다음 한 김 식힌다. 이때 밥에 참기름 1작은술을 섞거나 김밥을 만 다음 김 겉면에 바른다.

PLUS
RECIPE
만능 밥장
현미 김밥
5

김밥 말기

1 김 전장을 4등분으로 자르고, 준비한 현미밥도 30g씩 4등분으로 나눈다. 먼저 자른 김 1장을 깔고 현미밥 30g을 자른 김의 4/5지점까지 골고루 펼쳐 담는다.

2 현미밥 위에 명란밥장 15~20g(명란의 짠맛 정도에 따라 양 조절)을 올린 후 단단하게 돌돌 만다. 나머지 자른 김 3장과 밥, 밥장을 넣고 같은 방법으로 마저 만다.

- 명란은 알주머니가 터지지 않고 알 모양을 유지하는 것으로 선택하면 신선하고 맛도 좋아요. 또 자연스럽게 연한 분홍빛이 감돌아야 색소를 첨가하지 않은 명란을 고를 수 있어요.
- 명란밥장에 청양고추, 양파 등을 잘게 다져 넣어도 좋아요. 또 명란은 오이, 깻잎과도 잘 어울리는데 얇게 자른 오이 한 조각이나 깻잎 반장 위에 명란밥장을 올려 밥과 함께 먹어도 맛있어요.
- 명란밥장 활용법 : 달걀 프라이 덮밥 소스, 아보카도 덮밥 소스, 샌드위치 소스

HEALTH TIPS

탄수화물 식품 영양성분표

찐 고구마 vs 찐 감자

삶은 콩 5가지

삶은 면과 라면

두부류

밥과 떡 그리고 빵

과일류

액상과당 음료와 건 과일

찐 고구마 vs 찐 감자					
영양성분		100g 기준(찐 것)			
		밤고구마	호박고구마	감자	수미감자
열량 (kcal)		169	157	80	75
단백질 (g)		1.07	1.1	2.11	1.94
총 아미노산 (mg)		952	1021	1891	1634
필수아미노산 (mg)		408	456	670	598
탄수화물 (g)		40.9	37.91	18.17	17.28
당류 (g)		13.02	14.48	0	0
자당 (g)		1.78	2.68	0	0
포도당 (g)		0.68	0	0	0
과당 (g)		0.5	0	0	0
맥아당 (g)		10.05	11.8	0	0
갈락토오스 (g)		0	0	0	0
총 식이섬유 (g)		4.2	3.5	1.6	1.4
수용성 식이섬유 (g)		1.3	0.9	0.2	0.3
불용성 식이섬유 (g)		2.9	2.5	1.4	1.1
지방 (g)		0.15	0.15	0.09	0.05
총 지방산 (g)		0.14	0.15	0.09	0.04
총 필수지방산 (g)		0.08	0.09	0.06	0.02
총 포화지방산 (g)		0.06	0.05	0.03	0.02
총 불포화지방산 (g)		0.09	0.09	0.06	0.02
총 단일불포화지방산 (g)		0	0.01	0	0
오메가9 지방산(올레산) (mg)		2.68	3.28	1.2	2.06
총 다가불포화지방산 (g)		0.08	0.09	0.06	0.02
리놀레산 (mg)		70.89	78.55	44.74	17.44
오메가3 지방산 (g)		0.01	0.01	0.01	0
오메가6 지방산 (g)		0.07	0.08	0.05	0.02
미네랄	칼슘 (mg)	17	23	10	6
	철 (mg)	0.42	0.46	0.48	0.42
	마그네슘 (mg)	22	26	23	20
	인 (mg)	47	57	36	58
	칼륨 (mg)	461	394	402	318
	나트륨 (mg)	7	5	2	0
	아연 (mg)	0.24	0.21	0.38	0.41
	구리 (mg)	0.123	0.108	0.144	0.143
	망간 (mg)	1.343	0.433	0.132	0.159
	셀레늄 (μg)	1.48	1.67	6.57	4.62
	몰리브덴 (μg)	1.1	1.89	1.57	4.23
비타민	비타민 A (μg)	3	46	1	0
	베타카로틴 (μg)	37	553	9	0
	티아민(비타민 B1) (mg)	0.06	0.108	0.035	0.025
	리보플라빈(비타민 B2) (mg)	0.025	0.031	0.016	0.02
	니아신(비타민 B3) (mg)	0.455	0.48	0.286	0.327
	판토텐산(비타민 B5) (mg)	0.595	0.575	0	0
	비타민 C (mg)	15.36	30.62	11.96	5.8
	비타민 E (mg)	0.67	0.53	0.04	0.01

삶은 콩					
영양성분	100g 기준(삶은 것)				
	병아리콩	서리태	강낭콩	렌즈콩	리마콩
열량 (kcal)	183	196	171	150	122
단백질 (g)	9.18	19.02	8.46	9.79	9.6
총 아미노산 (mg)	8065	17058	8177	9069	
필수아미노산 (mg)	4292	7651	3830	4600	
탄수화물 (g)	29.24	11.39	31.92	25.39	26
당류 (g)	0.71	6.95	0.77	0.49	0.5
자당 (g)	0.71	6.95	0.77	0.38	0.5
포도당 (g)	0	0	0	0	0
과당 (g)	0	0	0	0.11	0
맥아당 (g)	0	0	0	0	0
갈락토오스 (g)	0	0	0	0	0
총 식이섬유 (g)	8.8	9.4	15.2	6.7	10.9
수용성 식이섬유 (g)	0.1	1.1	2.3	0.8	0.8
불용성 식이섬유 (g)	8.7	8.3	12.9	5.9	10.2
지방 (g)	3.2	8.75	0.9	0.88	0.9
총 지방산 (g)	2.58	8.37	0.87	0.71	0.64
총 필수지방산 (g)	1.25	5.29	0.6	0.35	0.38
총 포화지방산 (g)	0.39	1.2	0.18	0.13	0.21
총 불포화지방산 (g)	2.19	7.17	0.68	0.58	0.43
총 단일불포화지방산 (g)	0.93	1.88	0.08	0.24	0.05
오메가9 지방산(올레산) (mg)	879.41	1732.69	65.28	213.56	
총 다가불포화지방산 (g)	1.26	5.29	0.6	0.35	0.38
리놀레산 (mg)	1195.38	4536.23	250.7	275.45	280
오메가3 지방산 (g)	0.06	0.75	0.35	0.07	0.1
오메가6 지방산 (g)	1.2	4.55	0.25	0.28	0.28
미네랄 칼슘 (mg)	45	95	59	12	27
미네랄 철 (mg)	2.58	2.57	2.89	2.12	2.3
미네랄 마그네슘 (mg)	61	97	83	21	52
미네랄 인 (mg)	173	297	270	195	95
미네랄 칼륨 (mg)	350	672	575	224	490
미네랄 나트륨 (mg)	0	3	3	1	0
미네랄 아연 (mg)	1.46	1.89	1.31	0.82	1.1
미네랄 구리 (mg)	0.336	0.461	0.284	0.261	0.25
미네랄 망간 (mg)	2.111	1.258	0.812	0.412	0.73
미네랄 셀레늄 (μg)	1.17	2.58	3.04	5.34	
미네랄 몰리브덴 (μg)	37.81	54.83	237.41	46.65	
비타민 비타민 A (μg)	2	2	8	1	0
비타민 베타카로틴 (μg)	24	26	90	8	2
비타민 티아민(비타민 B1) (mg)	0.133	0.165	0.329	0.182	0.1
비타민 리보플라빈(비타민 B2) (mg)	0.053	0.281	0.112	0.049	0.04
비타민 니아신(비타민 B3) (mg)	0.406	0.197	1.095	0.522	0.5
비타민 판토텐산(비타민 B5) (mg)	0.314	0	0.957	0.218	0.23
비타민 비타민 E (mg)	2.46	2.32	0.26	0.33	0.2
비타민 비타민 K (μg)	22.9	15.983	0	13.48	3

삶은 면						
영양성분	100g 기준(건면을 삶은 것)					
	메밀국수	소면	중면	칼국수	당면	라면
열량 (kcal)	114	126	120	140	123	182
단백질 (g)	4.28	3.55	3.55	3.49	0.03	3.7
지방 (g)	0.4	0.48	0.4	0.43	0.04	4.91
탄수화물 (g)	22.65	25.36	24.04	28.96	30.38	30.66
당류 (g)	0	0	0	0.28	0	0.31
총 식이섬유 (g)	1.5	0.6	0.7	0.9	1.4	0.7
수용성 식이섬유 (g)	0.1	0.2	0.2	0.3	0.2	0.2
불용성 식이섬유 (g)	1.4	0.4	0.5	0.6	1.2	0.5
식염상당량 (g)	0.1	0.2	0.2	0.2	0	0.2

봉지라면(제품 뒷면 영양 정보)						
영양 정보	신라면	진라면매운맛	열라면	신라면 건면	틈새라면	너구리
1봉지 (g)	120	120	120	97	120	120
열량 (kcal)	500	500	510	350	495	490
탄수화물 (g)	79	77	80	68	83	83
당류 (g)	4	4.6	4	4	3	5
단백질 (g)	10	12	11	9	9	8
지방 (g)	16	16	16	4.6	14	14
포화지방 (g)	8	8	8	1.4	6	8
트랜스 지방 (g)	0	0	0	0	0	0
콜레스테롤 (mg)	0	0	0	0	3	5
나트륨 (mg)	1790	1880	1710	1790	1650	1760
영양 정보	안성탕면	삼양라면	불닭볶음면	짜파게티	팔도비빔면	사리곰탕면
1봉지 (g)	125	120	140	140	130	110
열량 (kcal)	525	515	530	610	525	490
탄수화물 (g)	82	81	85	96	80	74
당류 (g)	3	3	7	6	12	3
단백질 (g)	11	10	12	11	9	12
지방 (g)	17	17	16	20	19	16
포화지방 (g)	9	7	8	8	9	8
트랜스 지방 (g)	0	0	0	0	0	0
콜레스테롤 (mg)	0	0		0	0	0
나트륨 (mg)	1790	1780	1280	1180	1090	1700

두부						
영양성분		100g 기준				
		두부	순두부	연두부	유부	조미 유부
열량 (kcal)		97	44	50	450	201
단백질 (g)		9.62	6.85	4.66	26.11	9.77
총 아미노산 (mg)		8513	4288	3886	22897	9537
필수아미노산 (mg)		3797	2062	1830	10495	4656
탄수화물 (g)		3.75	0.69	1.93	7.93	12.09
당류 (g)		0	0.6	0.74	0.42	7.98
자당 (g)		0		0.73	0.4	6.56
포도당 (g)		0		0.01	0.02	0.9
과당 (g)		0		0	0	0.53
맥아당 (g)		0		0	0	0
갈락토오스 (g)		0		0	0	0
총 식이섬유 (g)		2.9	0.3	0.3	1.5	0.8
수용성 식이섬유 (g)		0.3	0.1	0.1	0.6	0.3
불용성 식이섬유 (g)		2.6	0.2	0.2	0.9	0.5
지방 (g)		4.63	1.35	2.51	34.23	12.67
총 지방산 (g)		4.43	1.29	2.35	31.52	11.23
총 필수지방산 (g)		2.77	0.87	1.49	18.19	6.45
총 포화지방산 (g)		0.7	0.19	0.36	5.34	1.94
총 불포화지방산 (g)		3.72	1.1	1.99	25.85	9.2
총 단일불포화지방산 (g)		0.94	0.23	0.51	7.64	2.75
오메가9 지방산(올레산) (mg)		867.51	208.04	466.33	7025.48	2536.35
총 다가불포화지방산 (g)		2.78	0.87	1.49	18.2	6.46
리놀레산		2385.79	745.09	1277.94	16084.56	5723.42
오메가3 지방산 (g)		0.39	0.13	0.21	2.09	0.73
오메가6 지방산 (g)		2.39	0.75	1.28	16.12	5.73
미네랄	칼슘 (mg)	64	15	30	584	152
	철 (mg)	1.54	0.7	0.8	4.6	1.42
	마그네슘 (mg)	80	25	28	65	26
	인 (mg)	158	69	72	413	141
	칼륨 (mg)	132	176	160	128	69
	나트륨 (mg)	1	4	55	7	522
	아연 (mg)	1.17	0.36	0.46	2.66	0.68
	구리 (mg)	0.126	0.119	0.135	0.24	0.056
	망간 (mg)	0.772	0.363	0.399	2.027	0.686
	셀레늄 (μg)	0.88	0.76	0.54	22.8	7.43
	몰리브덴 (μg)	44.09	28.35	21.07	84.9	18.79
비타민	베타카로틴 (μg)	0	0	0	5	4
	티아민(비타민 B1) (mg)	0.032	0.282	0.377	0.171	0.064
	리보플라빈(비타민 B2) (mg)	0.179	0.022	0.069	0.05	0.041
	니아신(비타민 B3) (mg)	0.159	0.425	0.182	0.829	0.425
	판토텐산(비타민 B5) (mg)	0	0.056	0.183	0	0
	비타민 B6 (mg)			0.056	0.046	0.017
	비오틴 (μg)	0	1.59	0.84	0.65	0
	비타민 E (mg)	0.7	0.23	0.35	2.89	1.5

밥						
영양성분	100g 기준(해당 쌀로 지은 것)					
	현미	백미	쌀보리	쌀귀리	겉귀리	흑미
열량 (kcal)	166	146	144	218	197	174
단백질 (g)	3.47	2.65	3.58	6.51	5.01	3.98
지방 (g)	0.96	0.33	0.73	5.36	4.7	1.01
탄수화물 (g)	35.34	31.71	31.72	36.53	34.08	36.83
당류 (g)	0.4	0.01	0.08	0.42	0.4	0.5
자당 (g)	0.4	0.01	0.08	0.42	0.4	0.5
총 식이섬유 (g)	2.2	0.9	3.3	3.9	4.9	4.7
수용성 식이섬유 (g)	0.2	0.1	2.9	1	1.5	0.1
불용성 식이섬유 (g)	2.1	0.8	0.4	2.8	3.4	4.6
칼슘 (㎎)	5	2	14	34	26	7
철 (㎎)	0.44	0.02	0.78	2.46	2.6	0.45
마그네슘 (㎎)	60	4	18	78	61	67
인 (㎎)	142	25	66	228	172	153
칼륨 (㎎)	122	20	66	212	195	120
아연 (㎎)	1.1	0.65	0.95	1.71	1.03	1
구리 (㎎)	0.088	0.065	0.124	0.206	0.116	0.096
망간 (㎎)	1.347	0.29	0.389	3.642	2.883	1.396
셀레늄 (㎍)	0.93	0.63	0.21	1.06	0.82	1.42
몰리브덴 (㎍)	25.88	22.99	5.35	20.26	46.93	47.45
티아민(비타민 B1)(㎎)	0.075	0.035	0.023	0.226	0.169	0.042
니아신(비타민 B3)(㎎)	1.587	0.084	0.243	0.249	0.881	1.625
비타민 B6 (㎎)	0.125	0.041	0.018	0.127	0.113	0.156

가래떡			
영양성분	100g 기준(해당 쌀로 만든 것)		
	백미	현미	흑미
열량 (kcal)	222	213	217
단백질 (g)	4.88	3.71	4.53
지방 (g)	1.42	0.37	1.09
탄수화물 (g)	47.54	48.8	47.4
당류 (g)	0.25	0.09	0.09
자당 (g)	0.25	0.09	0.09
총 식이섬유 (g)	2.7	0.7	1.9
수용성 식이섬유 (g)	0.2	0.3	0.1
불용성 식이섬유 (g)	2.5	0.4	1.8
식염상당량 (g)	0.6	0.7	0.8

떡					
영양성분	100g 기준				
	약식	인절미	백설기	쑥절편	모싯잎송편
열량 (kcal)	220	231	245	208	190
단백질 (g)	4.44	5.52	3.99	4.51	5.65
지방 (g)	2.32	1.15	0.52	0.73	0.66
탄수화물 (g)	45.43	49.69	53.45	45.73	40.29
당류 (g)	10.21	2.81	9.61	0.06	3.18
자당 (g)	5.61	2.81	9.61	0.06	3.18
총 식이섬유 (g)	1.8	2.1	0.5	1.4	4
수용성 식이섬유 (g)	0	0.7	0	0.1	0.1
불용성 식이섬유 (g)	1.8	1.4	0.5	1.3	3.9
식염상당량 (g)	0.6	0.9	0.5	0.7	0.7

식사대용 빵						
영양성분	100g 기준					
	크루아상	베이글	호밀빵	모닝빵	바게트	식빵(버터)
열량 (kcal)	457	291	285	316	284	279
단백질 (g)	8.56	9.32	8.47	9.06	9.14	9.01
지방 (g)	26	2.55	5.11	4.91	1.11	4.91
탄수화물 (g)	47.22	57.59	51.35	58.99	59.45	49.68
당류 (g)	8.55	5.04	4.78	11.33	2.81	4.12
자당 (g)	1.11	0.32	0.41	4.39	0.12	0
포도당 (g)	1.56	0.84	0.38	2.25	0.19	2.07
과당 (g)	3.02	1.26	0.81	3.39	0.67	2.05
유당 (g)	2.86	0	0	0.46	0	0
맥아당 (g)	0	2.63	3.18	0.84	1.84	0
총 식이섬유 (g)	2	2.6	5.2	2.1	2.8	3.7
수용성 식이섬유 (g)	0.8	1.3	2	0.7	1.4	0.5
불용성 식이섬유 (g)	1.1	1.4	3.2	1.4	1.4	3.2
식염상당량 (g)	1.1	1.4	1.4	0.7	1.1	1.3

간식용 빵						
영양성분	100g 기준					
	꽈배기	도넛(팥)	마늘빵	머핀(초코)	찐빵(팥)	카스텔라
열량 (kcal)	320	285	438	422	266	306
단백질 (g)	6.17	5.91	10.73	5.87	7.06	6.91
지방 (g)	13.8	8.02	20.72	23.35	1.96	3.72
탄수화물 (g)	42.78	47.36	52.1	47.06	54.92	59.47
당류 (g)	8.48	26.47	7.62	29.73	19.08	24.85
자당 (g)	6.25	25.73	5.54	29.32	13.89	22.22
포도당 (g)	1.03	0.27	0.23	0.42	2.1	2.63
과당 (g)	1.2	0.48	0.45	0	1.61	0
맥아당 (g)	0	0	1.39	0	1.48	0
총 식이섬유 (g)	1.7	2.6	3	1.5	2.7	1.4
수용성 식이섬유 (g)	0.7	0.6	1.4	0.4	0.6	0.4
불용성 식이섬유 (g)	1	2	1.6	1.1	2	1
식염상당량 (g)	1	0.7	1.2	1	0.6	0.2

대표 항산화 과일						
영양성분	100g 기준(생것, 과육만)					
	골드키위	그린키위	망고	애플망고	바나나	체리
열량 (kcal)	54	66	59	52	77	57
수분 (g)	84.6	81.6	83.5	85.6	78	83.6
단백질 (g)	0.77	0.93	0.73	0.65	1.11	1.36
지방 (g)	0.26	0.63	0.12	0.2	0.2	0.15
탄수화물 (g)	13.73	16.08	15.36	13.27	20	14.35
당류 (g)	7.07	6.73	13.65	11.62	14.4	8.01
자당 (g)	0	0	6.96	6.49	3.74	0
포도당 (g)	2.58	2.48	2.01	0.49	5.49	4.71
과당 (g)	4.49	4.25	4.68	4.64	5.17	3.31
총 식이섬유 (g)	2	2.6	1.5	1.5	2.2	2.3
수용성 식이섬유 (g)	0.7	0.4	0.7	0.7	0.7	1.1
불용성 식이섬유 (g)	1.3	2.2	0.8	0.9	1.5	1.2

감귤류						
영양성분	100g 기준(생것, 껍질 제거)					
	온주밀감	궁천조생	레드향	천혜향	한라봉	황금향
열량 (kcal)	39	39	48	41	50	40
수분 (g)	89.1	89.2	86.7	88.3	85.9	88.8
단백질 (g)	0.53	0.29	0.59	0.82	0.99	0.4
지방 (g)	0.1	0.16	0.12	0.08	0.11	0.13
탄수화물 (g)	10.04	10.16	12.39	10.56	12.8	10.3
당류 (g)	7.99	8.19	10.44	8.37	10.17	8.39
자당 (g)	4.3	4.49	5.24	5.1	4.18	4.44
포도당 (g)	1.93	1.85	2.64	1.55	2.79	1.98
과당 (g)	1.75	1.85	2.57	1.73	3.21	1.97
총 식이섬유 (g)	1.6	1.3	1.3	1.1	1.5	1.1
수용성 식이섬유 (g)	0.6	0.6	0.6	0.4	0.7	0.5
불용성 식이섬유 (g)	1	0.7	0.8	0.7	0.8	0.6
영양성분	100g 기준(생것, 껍질과 씨 제거)					
	레몬	라임	자몽	오렌지		금귤
				발렌시아	네이블	
열량 (kcal)	36	30	32	48	47	73
수분 (g)	89.6	88.26	90.8	86.2	86.8	79.4
단백질 (g)	0.71	0.7	0.84	1.37	0.92	1.19
지방 (g)	0.08	0.2	0.05	0.05	0.16	0.13
탄수화물 (g)	9.27	10.54	7.92	11.91	11.81	18.77
당류 (g)	1.87	1.69	4.2	9.11	9.21	11.77
자당 (g)	0		2.7	4.15	4.18	0.05
포도당 (g)	1.16		0	2.11	2.45	6.23
과당 (g)	0.72		1.5	2.84	2.58	5.49
총 식이섬유 (g)	1.1	2.8	1.2	0.6	2.1	3.2
수용성 식이섬유 (g)	0.1		0.4	0.1	0.8	1.4
불용성 식이섬유 (g)	0.9		0.8	0.5	1.2	1.8

베리류						
영양성분	100g 기준(생것)					
	블루베리	라즈베리	블랙베리	딸기(설향)	산딸기	복분자
열량 (kcal)	43	52	43	34	55	88
수분 (g)	88.1	85.75	89.2	90.4	84.5	77.6
단백질 (g)	0.5	1.2	0.67	0.7	1.35	1.52
지방 (g)	0.12	0.65	1.13	0.07	0.22	2.2
탄수화물 (g)	11.11	11.94	8.69	8.5	13.55	17.96
당류 (g)	7.86	4.42	5.76	6.09	7.8	8.06
자당 (g)	0.08	0.2	0	0	0	0
포도당 (g)	4.02	1.86	2.66	2.69	3.97	3.63
과당 (g)	3.76	2.35	3.09	3.4	3.83	4.44
총 식이섬유 (g)	2.4	6.5	7	1.4	6.9	6.5
수용성 식이섬유 (g)	0.8		0.5	0.8	2.8	
불용성 식이섬유 (g)	1.6		6.5	0.6	4.1	

포도						
영양성분	100g 기준(생것, 껍질 포함)					
	레드글로브	샤인머스캣	캠벨얼리	거봉	스텔라	포도
열량 (kcal)	57	66	51	68	50	57
수분 (g)	84.2	81.4	83.6	80.6	86	84.2
단백질 (g)	0.4	0.38	0.61	0.59	0.7	0.44
지방 (g)	0.24	0.1	0.05	0.05	0.16	0.25
탄수화물 (g)	14.91	17.66	13.59	18.25	12.75	14.82
당류 (g)	11.42	15.29	9.16	12.32	11.59	13.87
자당 (g)	1.75	0	0	0	0	0
포도당 (g)	4.29	7.18	4.24	6.04	5.96	7.41
과당 (g)	5.37	8.12	4.92	6.28	5.63	6.46
총 식이섬유 (g)	1.4	2.4	1.1	0.9	2	2.5
수용성 식이섬유 (g)	0.7	1.1	0.6	0.5	0.9	1.6
불용성 식이섬유 (g)	0.7	1.2	0.5	0.4	1.1	0.9

박과 과일						
영양성분	100g 기준(생것, 씨와 껍질 제거)					
	수박(적색)	수박(황색)	애플수박	참외(씨 포함)	참외(씨 제거)	멜론(머스크)
열량 (kcal)	31	36	40	48	45	40
수분 (g)	91.1	89.8	89.6	86.1	86.5	88.1
단백질 (g)	0.79	0.65	0.94	1.19	1.33	1.5
지방 (g)	0.05	0.05	0.81	0.29	0.04	0.04
탄수화물 (g)	7.83	9.26	8.39	11.67	11.23	9.64
당류 (g)	5.06	5.53	6.23	9.08	9.81	8.08
자당 (g)	2.43	0	2.9	5.92	6.65	5.98
포도당 (g)	0.47	0.96	1.06	1.52	1.5	1
과당 (g)	2.16	2.67	2.28	1.64	1.66	1.11
총 식이섬유 (g)	0.2	0.7		1.8	2.9	2
수용성 식이섬유 (g)	0.1	0.3		0.7	1.6	0.7
불용성 식이섬유 (g)	0.1	0.4		1	1.3	1.3

장미과 과일						
영양성분	100g 기준(생것, 껍질과 씨 제거)					
	복숭아			자두 (후무사)	살구	매실 (남고)
	백도	황도	천도			
열량 (kcal)	49	49	32	44	30	26
수분 (g)	85.8	86.1	90.7	87.3	90.9	91
단백질 (g)	0.59	0.4	0.93	0.64	1.2	0.94
지방 (g)	0.04	0.04	0.05	0.05	0.05	0.77
탄수화물 (g)	13.1	13.03	7.85	11.47	7.12	6.24
당류 (g)	9.45	9.29	4.67	8.92	7.39	2.76
자당 (g)	1.21	1.09	0	0	3.13	0.53
포도당 (g)	4.28	4.2	2.34	4.49	2.14	0.7
과당 (g)	3.96	4	2.33	4.43	2.12	1.53
총 식이섬유 (g)	2.6	4.3	3.8	2	1.9	2.3
수용성 식이섬유 (g)	0.8	2.1	1.6	0.5	0.7	0.8
불용성 식이섬유 (g)	1.8	2.2	2.2	1.5	1.2	1.5

기타						
영양성분	100g 기준(생것)					
	무화과		석류	아보카도	대추	비파
	승정도후인	봉래시				
열량 (kcal)	47	45	77	160	105	45
수분 (g)	86.5	87.1	78.3	73.23	70.2	87.2
단백질 (g)	0.79	0.76	0.29	2	1.45	0.29
지방 (g)	0.15	0.11	0.2	14.66	0.1	0.2
탄수화물 (g)	12.12	11.6	20.71	8.53	27.56	11.95
당류 (g)	10.59	9.94	9.94	0.66	24.34	10.8
자당 (g)	0	0	0	0.06	14.79	2.06
포도당 (g)	5	4.79	4.87	0.37	4.84	3.95
과당 (g)	5.58	5.15	5.07	0.12	4.71	4.78
총 식이섬유 (g)	1.3	1.4	5.8	6.7	3	
수용성 식이섬유 (g)	0.3	0.5	1.8		0.5	
불용성 식이섬유 (g)	0.9	0.9	4		2.5	

토마토						
영양성분	100g 기준					
	토마토	방울토마토	흑토마토	대저토마토	통조림	
					페이스트	퓨레
열량 (kcal)	19	25	21	23	98	44
수분 (g)	93.9	92.3	93.6	92.7	73.5	86.9
단백질 (g)	1.03	1	0.68	0.76	4.22	1.9
지방 (g)	0.18	0.13	0.04	0.04	0.24	0.1
탄수화물 (g)	4.26	6.02	5.22	5.87	19.68	9.9
당류 (g)	2.37	3.89	2.96	1.45	11.78	5.2
자당 (g)	0	0	0	0	0.4	0
포도당 (g)	1.13	1.84	1.35	0	5.5	2.6
과당 (g)	1.24	2.05	1.61	1.45	5.88	2.6
총 식이섬유 (g)	2.6	2.1	0.9	1.9	4.7	1.8
수용성 식이섬유 (g)	1.4	0.9	0.3	0.6	2.4	1
불용성 식이섬유 (g)	1.2	1.2	0.6	1.3	2.3	0.8

감과 배

영양성분	100g 기준(생것, 껍질과 씨 제거)					
	감			배		
	단감	연시	대봉	신고배	원황배	만풍배
열량 (kcal)	51	65	72	46	46	44
수분 (g)	85.6	81.6	80.7	87	86.5	87.3
단백질 (g)	0.41	0.29	0.51	0.3	0.29	0.26
지방 (g)	0.04	0.04	0.86	0.04	0.04	0.04
탄수화물 (g)	13.66	17.76	17.57	12.4	12.34	11.98
당류 (g)	10.52	12.32	16.66	9.81	5.23	9.85
자당 (g)	0	0	0	0.51	1.89	2.14
포도당 (g)	5.39	6.34	8.65	4.44	0	1.41
과당 (g)	5.13	5.98	8.01	4.86	3.34	6.3
총 식이섬유 (g)	6.4	6.5	2.7	1.3	0.8	1.2
수용성 식이섬유 (g)	2.9	0.7	0.9	0.6	0.3	0.5
불용성 식이섬유 (g)	3.5	5.8	1.8	0.8	0.6	0.7

사과

영양성분	100g 기준(생것, 껍질과 씨 제거)					
	부사	홍옥	아오리	양광	감홍	사과 주스
열량 (kcal)	53	58	52	47	51	42
수분 (g)	85.2	84.4	85.2	86.7	85.6	88.2
단백질 (g)	0.2	0.21	0.27	0.29	0.34	0.17
지방 (g)	0.07	0.04	0.04	0.1	0.08	0.01
탄수화물 (g)	14.28	15.16	14.16	12.68	13.74	11.45
당류 (g)	11.13	10.73	8.85	9.26	11.37	9.98
자당 (g)	2.15	3.27	2.52	3.1	3.21	1.96
포도당 (g)	2.62	1.85	1.64	1.28	2.75	2.69
과당 (g)	6.37	5.62	4.69	4.88	5.41	5.33
총 식이섬유 (g)	1.7	1.3	2	1.3	1.6	0.7
수용성 식이섬유 (g)	0.6	0.6	0.9	0.4	0.6	0.1
불용성 식이섬유 (g)	1.1	0.7	1.1	0.9	1	0.6

열대과일

영양성분	100g 기준(생것, 껍질과 씨 제거)(백향과는 씨 포함)					
	리치	애플망고	파파야	백향과 (패션프루트)	구아바	파인애플
열량 (kcal)	61	52	40	100	33	53
수분 (g)	82.1	85.6	88.5	73.6	88.9	84.9
단백질 (g)	1	0.65	0.7	1.68	0.6	0.46
지방 (g)	0.1	0.2	0.08	1.55	0.1	0.04
탄수화물 (g)	16.4	13.27	10.24	22.58	9.9	14.32
당류 (g)	14.9	11.62	8.78	8.58	3.5	10.26
자당 (g)	0.6	6.49	0	3.41	0.3	5.84
포도당 (g)	7.3	0.49	5.14	2.54	1.5	2.98
과당 (g)	7	4.64	3.65	2.63	1.7	1.44
총 식이섬유 (g)	0.9	1.5	1.9	6.5	5.1	2.5
수용성 식이섬유 (g)	0.4	0.7	0.6	0.3	0.7	0.8
불용성 식이섬유 (g)	0.5	0.9	1.3	6.2	4.4	1.7

주스 음료

영양성분	100g 기준(캔)					
	배	당근	자몽(가당)	자몽(무가당)	파인애플	라임
열량 (kcal)	42	40	46	37	53	21
수분 (g)	88.2	88.87	87.38	90.97	86.37	92.52
단백질 (g)	0	0.95	0.58	0.55	0.36	0.25
지방 (g)	0	0.15	0.09	0.66	0.12	0.23
탄수화물 (g)	11.76	9.28	11.13	7.54	12.87	6.69
당류 (g)	10.15	3.91	11.03	7.69	9.98	1.37
총 식이섬유 (g)	1	0.8	0.1	0.6	0.2	0.4
영양성분	100g 기준(캔 이외의 포장)					
	녹즙	오렌지	포도	파인애플	귤	사과
열량 (kcal)	28	36	49	43	37	42
수분 (g)	92.5	89.6	86.1	87.7	89.7	88.2
단백질 (g)	0.99	0.58	0.23	0.39	0.46	0.17
지방 (g)	0.11	0.04	0	0.03	0.08	0.01
탄수화물 (g)	5.67	9.49	13.49	11.52	9.58	11.45
당류 (g)	1.88	6.88	11.47	8.78	8.64	9.98
총 식이섬유 (g)	1.2	0.2	0	0	0.6	0.7

탄산 음료

영양성분	100g 기준					
	콜라	사이다	레몬 소다	오렌지 소다	소다수	진저에일
열량 (kcal)	38	40	44	48	0	34
수분 (g)	90.5	90	89.1	87.9	99.9	91.23
단백질 (g)	0	0	0	0	0	0
지방 (g)	0	0	0	0	0	0
탄수화물 (g)	9.46	9.98	10.88	12.08	0	8.76
당류 (g)	9.03	8.81	9.19	10.66	0	8.9
총 식이섬유 (g)	0	0	0	0	0	0

건 과일

영양성분	100g 기준(말린 것)					
	포도	대추	곶감	크랜베리	블루베리	바나나
열량 (kcal)	297	276	214	314	325	314
수분 (g)	16.3	20.9	39.4	13.3	9.5	14.3
단백질 (g)	2.64	3.73	1.93	0.25	4.45	3.8
지방 (g)	0.53	0.25	0.08	0.58	1.11	0.4
탄수화물 (g)	78.89	72.57	57.45	85.73	83.57	78.5
당류 (g)	66.71	59.09	29.76	74.3	48.28	53.9
자당 (g)	0	10.8	0	2.4	0.32	36.6
포도당 (g)	30.41	22.26	16.3	37.8	23.69	9
과당 (g)	36.3	26.03	13.46	34.1	24.27	8.3
총 식이섬유 (g)	4.5	9.5	8.5	5.6	18.8	7

초판 1쇄 인쇄 _ 2025년 03월 19일
초판 1쇄 발행 _ 2025년 03월 26일

지은이 _ 임은진
자문의 _ 김하늘

펴낸곳 _ 세상풍경
펴낸이 _ 최형준

기획&디자인 _ 시니어C | **제작** _ 도담프린팅 | **제판** _ 블루엔 | **도자기 플레이팅** _ 클레이샤인 Clayshine

등록 _ 2007년 3월 28일 제313-2007-81호
주소 _ 서울시 마포구 서교동 376-11번지 YMCA빌딩 2층
도서 문의 _ **전화** 02-322-4491 | **이메일** seniorc@naver.com
도서 주문 _ **전화** 02-322-4410 | **팩스** 02-322-4492
도서 물류 및 반품 _ 북패스 031-953-2913 경기도 파주시 탄현면 오금로 80번길 43-1

값 19,000원
ISBN 979-11-85141-33-6 14590
979-11-85141-32-9 (세트)

식단·운동·생활 습관 가이드를 담은 **혈당 관리 기록 노트**

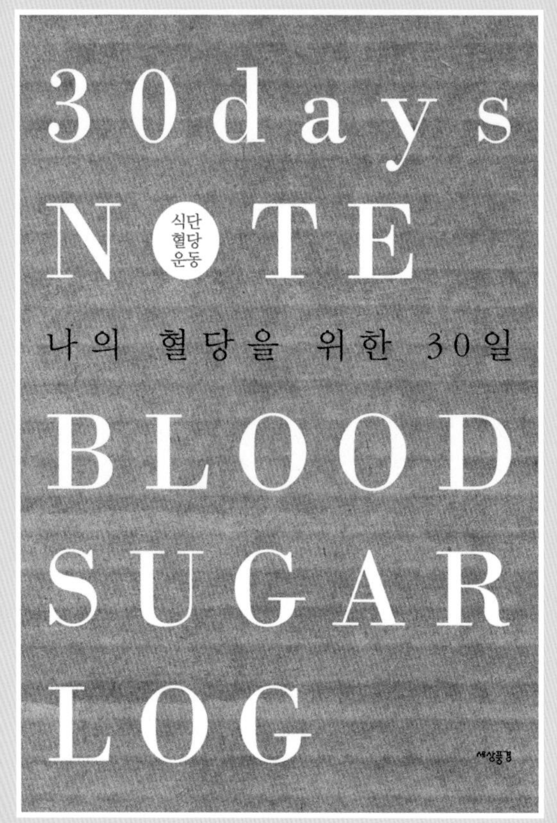

나의 혈당을 위한 30일

세상풍경 만듦
값 3,000원
ISBN 979-11-85141-34-3